UNTERSUCHUNGEN ÜBER DIE PRODUKTION DER KOHLENSÄURE IM ACKERBODEN UND IHRE DIFFUSION IN DIE ATMOSPHÄRE

INAUGURAL-DISSERTATION

ZUR

ERLANGUNG DER DOKTORWÜRDE

EINER

HOHEN NATURWISSENSCHAFTLICHEN FAKULTÄT

DER

VEREINIGTEN FRIEDRICHS-UNIVERSITÄT

HALLE-WITTENBERG

VORGELEGT VON

HORST MAGERS
DIPLOMLANDWIRT

HALLE (SAALE) 1929

Springer-Verlag Berlin Heidelberg GmbH 1929

Referent: Dr. G. Blohm
Korreferent: Professor Dr. Th. Roemer
Tag der mündlichen Prüfung: 5. Juni 1929

Erschienen in „Wissenschaftliches Archiv für Landwirtschaft",
Abt. A, Pflanzenbau, Bd. 2, S. 472, 1929

ISBN 978-3-662-39075-7   ISBN 978-3-662-40056-2 (eBook)
DOI 10.1007/978-3-662-40056-2

Aus dem Institut für Pflanzenbau und Pflanzenzüchtung der Universität Halle (Saale). — Direktor: Prof. Dr. *Th. Roemer*.

Untersuchungen über die Produktion der Kohlensäure im Ackerboden und ihre Diffusion in die Atmosphäre.

Von
Horst Magers, Halle (Saale).

Mit 8 Textabbildungen.

(*Eingegangen am 30. Juli 1929.*)

Inhaltsangabe.

Einleitung.

Die Frage nach der Kohlensäurequelle für die Ernährung der Pflanzendecke auf dem Erdboden hat in den letzten 20 Jahren plötzlich eine vielseitige und heißumstrittene Bearbeitung erfahren. Als die Humustheorie allmählich, vor allem durch *Justus v. Liebig* beseitigt wurde und an ihre Stelle die Erkenntnis trat, daß die Pflanze ihren Kohlenstoffbedarf nur aus der sie umgebenden Luft zu decken vermag, mußte die Wissenschaft zunächst vor weiteren Forschungen in dieser Frage ausruhen. Es fehlte nicht nur an eingehenden Kenntnissen über den Assimilationsvorgang, seine Bedingungen und Möglichkeiten in der freien Natur, sondern auch an genügend sicheren Vorstellungen über den Kohlensäurevorrat der Atmosphäre und seine fortlaufende Ergänzung, kurz: über den Kohlensäurekreislauf. Aber auch ohne diese Grundlagen zur Verfügung zu haben sprach schon *de Saussure* (um 1800) gelegentlich einiger Untersuchungen über den Kohlendioxydgehalt der verschiedenen Luftschichten in geringer Höhe über dem bewachsenen Boden die Vermutung aus, daß das dem Boden entströmende Kohlendioxyd unmittelbar den darüber befindlichen grünen Pflanzenteilen wieder einverleibt werde. Er war es, der zum erstenmal Luftproben dicht über dem Boden abfing und feststellte, daß ihr Kohlendioxydgehalt den normalen der atmosphärischen Luft gelegentlich um ein Vielfaches übertraf. Auch *Liebig* hat geäußert, daß die bodenbürtige Kohlensäure wohl großen Anteil an der CO_2-Versorgung der Pflanze habe. Trotzdem ruhte dieser praktisch überaus bedeutsame Fragenkomplex so gut wie vollständig, bis erst das 20. Jahrhundert ihn plötzlich an mehreren Orten zugleich auftauchen und Gegenstand zähester Untersuchungen und heftigster Meinungsverschiedenheiten werden sieht. Das Verdienst, auf diese Lücke in der Wissenschaft hingewiesen und mit ihrer Ausfüllung begonnen zu haben, verknüpft eine Reihe von Namen miteinander: *Bornemann, Fischer, Krantz, Lundegårdh, Reinau, Riedel, Romell.* Bis zum Augenblick können unsere Kenntnisse soweit als gesichert angesehen werden, daß einerseits der um den Betrag von 0,03 Vol.-% nur verhältnismäßig wenig schwankende CO_2-Gehalt unserer derzeitigen Atmosphäre nicht bei jeder Lichtintensität das Optimum für die Entwicklung unserer Kulturpflanzen darstellt, sondern dieses zuweilen sogar erheblich darüber liegt, andererseits der Erdboden, die Ackerkrume den bei weitem größten Anteil für die fortlaufende Ergänzung des Kohlensäurevorrats der Atmosphäre, der — absolut genommen — nur etwas über 30 Jahre unsere Pflanzenwelt ernähren könnte, selbst liefert. Daraus ergibt sich schon ein ungefährer Überblick über die Fragenkomplexe, die die natürlichen Beziehungen von Kohlensäure und rationeller Pflanzenproduktion zueinander der Wissenschaft aufdrängen: Während die direkte, vom menschlichen Willen geleitete Regelung des Kohlendioxydgehaltes der Luft im Assimilationsbereich der Pflanzen verhältnismäßig leicht und schnell in der gärtnerischen Praxis der Treibhauskulturen Eingang fand und auch heutigen Tags schon eine Reihe unbestreitbarer Erfolge hat, stehen dieser einfachen Begasung mit kunstlich zugeführtem Kohlendioxyd draußen im Freien ganz erhebliche Schwierigkeiten entgegen. Obwohl es auch derartige Versuche gibt, so liegen der angewandten Landwirtschaftswissenschaft doch zunächst eine Menge von notwendigen Klärungen ob, bevor allzu weitgehende praktische Folgerungen und Aufwendungen gemacht werden können. Zunächst sind genauestens die optimalen Bedingungen der Assimilation, sowohl die theoretischen wie die tatsächlich in der Natur vorhandenen, zu untersuchen. Auf diesem Gebiete haben uns vor allem die Arbeiten von *Lundegårdh, Reinau, Willstätter* und *Stoll* weitgehende Aufklärungen gebracht. Weiterhin sind die Luftbewegungsverhältnisse in und über Pflanzenbeständen zu erforschen und damit zusammenhängend in erster Linie, inwieweit das bodenbürtige Kohlendioxyd von dem an Ort und Stelle über ihm sich ausbreitenden Pflanzenbestande ausgenutzt zu werden vermag. Diese Frage ist das größte derzeitige Streitobjekt. Das Vorhandensein eines Einflusses der bodenbürtigen Kohlensäure auf den Ertrag des über ihrem Entstehungsort befindlichen Pflanzenbestandes hat einen großen Wahrscheinlichkeitswert für sich, der ohne Zweifel wohl auch zur Zeit noch in weitesten Kreisen unterschätzt wird. Die Frage sollte also nur noch lauten: Wie groß *ist* dieser Einfluß unter den natürlichen Verhältnissen des praktischen Ackerbaus? Auch: Wie groß *kann* er sein? — Damit ist aber schon wieder ein weiteres Untersuchungsgebiet eröffnet: Welches sind die Bedingungen, unter denen sich die Kohlensäure in der Ackerkrume bildet und aus ihr in die darüber befindliche Atmosphäre eintritt? Dieses ist der Bereich, aus dem die vorliegende Arbeit einige Untersuchungen mitzuteilen hat. Mögen sie zur weiteren Klärung des ganzen schwierigen Problems beitragen helfen, dessen Bedeutung innerhalb der Landwirtschaftswissenschaft folgender Befund *Stoklasas* anschaulich macht:

Nur 1,74 kg Stickstoff, 0,62 kg Phosphorsäureanhydrid und 2,27 kg Kaliumoxyd entnimmt die Zuckerrübe dem Boden, während sie 100 kg Kohlenstoff verarbeitet, den ihr die Atmosphäre liefern muß.

Apparatur und Hilfsmittel.

Die Grundlage zur vorliegenden Arbeit bilden etwa 900 Bestimmungen der Bodenatmung nach *Lundegårdh* und 1200 Analysen der Bodenluft aus 20 cm Tiefe, die auf dem Versuchsfelde des Institutes für Pflanzenbau und -züchtung der Universität Halle während der Vegetationsmonate vom Juni 1928 bis zum Juni 1929 gemacht wurden.

Zu den Kohlendioxydmessungen wurde ein Analysenapparat nach *Petterson-Sondén*, modifiziert von *Reinau*, benutzt, der mit 2 Luftproben von je 75 ccm arbeitet. Eine eingehende Beschreibung sowie genaue Gebrauchsanweisung dieser Apparatur findet sich im „Handbuch der biophysikalischen und biochemischen Durchforschung des Bodens" von *Stoklasa* und *Doerell* (S. 690—700). Sie gibt eine Genauigkeit der CO_2-Bestimmungen bis zu 0,6 Hunderttausendstel Volumenanteilen an. Um aber die Analysen tatsächlich mit dieser Genauigkeit durchzuführen, ist es nach den hiesigen Erfahrungen unerläßlich, im geschlossenen Raume unter laboratoriumsähnlichen Verhältnissen zu arbeiten. Das Wesen der Messung besteht im Druckausgleich der beiden Luftproben vermittels der leichtest beweglichen Libelle und dem einzustellenden Rauminhalt. Außer von dem veränderlichen Volumen, das zur eigentlichen Messung und Ablesung dient, ist aber der Druck der beiden Luftproben auch abhängig von der Temperatur. Um also deren Einfluß auszuschalten, müssen beide Proben stets absolut gleiche Temperaturen haben. Wenn auch zu diesem Zwecke beide Pipetten in einem gemeinsamen Wasserbad stecken, so ist damit noch nicht alle notwendige Vorsicht erfüllt. Gase vergrößern ihr Volumen bei einer Erwärmung um 1° um rund $\frac{1}{273}$, das bedeudet bei einer Einteilung in Hunderttausendstel Volumenanteile $\frac{100\,000}{273}$ = 366 Volumenanteile, bei einer Differenz der beiden Luftproben um nur $\frac{1}{10}°$ immer noch 37 Hunderttausendstel, also völlig genug, um z. B. jegliche Bestimmung des CO_2-Gehaltes der Atmosphäre unmöglich zu machen, da dieser ja normal nur rund 30 Hunderttausendstel beträgt. Diese Überlegung verdeutlicht den hohen Grad von Aufmerksamkeit, den die Berücksichtigung der Temperatureinflüsse bei der Handhabung des Apparates erfordert. In der oben angeführten Gebrauchsanweisung für den Petterson-Sondén-Apparat wird deshalb ein dauerndes Umrühren des Wasserbades empfohlen, um jederzeit den Temperaturausgleich herzustellen. Das wird zweckmäßig mit einer kräftigen Feder ausgeführt, die dauernd im Wasser bleibt, somit also stets die Temperatur des Wasserbades selbst hat, andererseits aber in der unbetätigten Zeit oben schwimmend ruhig verschiedene Glasteile miteinander verbinden kann, da sie durch ihr schlechtes Wärmeleitungsvermögen keine Temperaturstörungen hervorzurufen vermag. Trotz des Umrührens muß jedoch außerdem peinlichst darauf geachtet werden, daß partielle Erwärmungen des Wasserbades überhaupt gar nicht erst möglich werden. Solche werden aber leicht durch Zugluft, Wind, Sonnenbestrahlung und in der Nähe befindliche Heizkörper oder Lichtquellen verursacht. Sehr störend wirkt auch auf das Temperaturäquilibrium in beiden Meßpipetten die Tatsache, daß das zum Ansaugen und Verdrängen der Luftproben benutzte Quecksilber sich abwechselnd außerhalb und innerhalb des Wasserbades befindet. Wasserbad- und Außentemperatur können aber auch in einem schlecht temperierten Raume beträchtliche Unterschiede aufweisen. Es ist auch zu vermeiden, die Quecksilberrezipienten in die volle Hand zu nehmen; sie sind vielmehr unten an der Verbindung mit dem Gummischlauch mit höchstens 3 Fingern zu halten. Ein weiterer Übelstand der Apparatur ist das Zurückbleiben von kleinen Luftblasen im Absorptionsraum. Das gibt ein Minus an Druck in der Pipette, d. h. ein zu hohes Resultat. Bei einer späteren Analyse kann diese Luft einmal wieder mitgenommen werden, so daß das Resultat zu niedrig ausfällt. Man muß sich stets vor Beginn der nächsten Messung überzeugen, daß eine solche Störung nicht vorliegt, d. h. daß die Kalilauge ihren genauen Stand an der Marke gut innehält, denn sonst ist sie nicht mehr zu korrigieren. — Die genannten Mängel und einige weitere noch, wie vor allem die verdrießliche, weil unvermeidliche innere Beschmutzung der Meßpipetten durch das Quecksilber und ihre schwierige und zeitraubende Säuberung haben dieser Apparatur wenig Freunde erhalten können, da ihre Bedienung ein hohes Maß von Einarbeitung und Geduld erfordert und nur im Laboratorium Werte von der angegebenen Genauigkeit liefern kann. Es ist also nicht verwunderlich, wenn *Lundegårdh* einen Apparat für volumetrische Kohlensäurebestimmung nach einem neuen Prinzip gebaut hat und schon seit Jahren benutzt. Dieser Apparat hat drei wesentliche Vorteile: Er gestattet, das Probeluftvolumen in bestimmten Grenzen beliebig groß zu wählen, und liefert das Resultat in rund 2 Minuten, und zwar auch einwandfrei im freien Felde. Auch *Reinau* hat sich um eine neue Methode bemüht und ist dabei zur Mikrotitration übergegangen. Seine in der Festschrift anläßlich des 70. Geburtstages von *Julius Stoklasa* abgebildete und kurz beschriebene Neukonstruktion hat den Vorteil, daß eine ganze Serie Luftproben gleichzeitig angesogen und später aufgearbeitet werden kann. Da das Ansaugen der 50 bzw. 100 ccm aber 20 Minuten dauert, eignet sich das Verfahren nicht zur momentanen Bestimmung des CO_2-Gehaltes einer Atmosphäre, die sehr rasch ihre Zusammensetzung ändert, also z. B. nicht zur Messung der Bodenatmung nach dem Glockenprinzip *Lundegårdhs*. Auch ist die Saugkraft zu gering zur Entnahme der Bodenluft.

Da zur vorliegenden Arbeit nur ein Apparat nach *Petterson-Sondén* in der oben besprochenen Modifizierung nach *Reinau* zur Verfügung stand, entfielen auf den normalen Arbeitstag, an dem 6 Stunden für Analysen und die übrige Zeit für die Probenahmen auf dem Felde gerechnet werden sollen, rund 15 Analysen, also etwa $2^1/_2$ pro Stunde oder 24 Minuten für eine Analyse. Die einzelne Analyse kann von sehr wechselnder Dauer sein; bestenfalls dauert sie 10 Minuten, oft verlangt sie jedoch weit über $^1/_2$ Stunde, jeweils nach den äußeren Bedingungen und den besprochenen inneren Hemmnissen.

Die Messung der Bodenatmung wurde nach dem von *Lundegårdh* ausgearbeiteten Verfahren ausgeführt ([16], S. 146, auch [14], S. 3ff.). Das Prinzip besteht darin, daß ein Stück Bodenoberfläche von bestimmtem Ausmaß unter einer geschlossenen Blechglocke isoliert und dann die Kohlendioxydanhäufung in der Glocke analytisch bestimmt wird. Die benutzten Glocken besitzen ein im Verhältnis zur Bodenfläche geringes Volumen, damit schon nach kurzer Versuchszeit die Anhäufung von CO_2 hinreichend groß wird, um analytisch leicht bestimmt werden zu können. Sie haben Trichterform und sind unten mit einem zylindrischen, aus starkem Eisenblech bestehenden Rande versehen, der zum Eintreiben in den Boden bestimmt ist. Um zu gewährleisten, daß die Glocken stets gleichmäßig tief in den Boden gedrückt werden, sind an der Außenwand des unteren Zylinders einige kräftige, nach außen waagerecht vorspringende Blechstreifen befestigt. Vor dem Gebrauch wird das Innere der Glocken mit einer dünnen Paraffinschicht überzogen, um Kohlendioxydverluste durch etwaige Absorption durch das Metall zu vermeiden.

Die Berechnung der Bodenatmung erfolgt nach der Gleichung: Bodenatmung in mg CO_2 je qm und St.

$$= \frac{(b-a) \cdot Sp \cdot V \cdot 60}{O \cdot t} \cdot \frac{\text{Barometerstand}}{760} \cdot \frac{273}{\text{Temperatur in } °C + 273}.$$

Hier bedeutet a den Anfangswert, b den Endwert des CO_2-Gehaltes der Luft in der Glocke, ausgedrückt in Hunderttausendteilen Volumen. V ist das Volumen der Glocke in Kubikmillimeter (da der Bodenatmungswert in Milligramm festgestellt werden soll). O ist die von ihr umschlossene Bodenfläche in Quadratmeter. Sp ist das spezifische Gewicht von $CO_2 = 0,001977$, und t ist die Versuchsdauer in Minuten. Der Rest der Formel enthält die nötigen Korrekturen für Temperatur und Druck. Die angewandten Glocken besaßen folgende Maße:

$$V = 5\,300\,000 \text{ cmm}$$
$$O = 0,073 \text{ qm}$$

Da der ausschlaggebende Faktor für die Abgabe des CO_2 durch die Bodenoberfläche die Diffusion ist, ist für die Höhe der Abgabe je Flächen- und Zeiteinheit das Gefälle, d. h. die Höhe der Differenz zwischen dem CO_2-Gehalt der Bodenluft und dem der atmosphärischen Luft maßgebend. Mit der Steigerung des CO_2-Gehaltes in der Glockenluft nimmt das Gefälle ab und damit auch das Entweichen von CO_2 aus dem Boden. Nach übereinstimmenden Untersuchungen *Lundegårdhs* ([15], S. 8 und [16], S. 150) und *Dönhoffs* ([3], S. 11) ergaben sich die höchsten Bodenatmungswerte bei einer Versuchsdauer von 10—20 Minuten. Da der Sommer 1928 für den Ort der Untersuchungen, das Versuchsfeld des Instituts für Pflanzenbau und Pflanzenzüchtung der Universität Halle (Saale), extrem trocken war, hielt sich auch die CO_2-Abgabe des Bodens in geringen Grenzen, so daß für die dieser Arbeit zugrunde liegenden Messungen der Bodenatmung die Erhöhung der CO_2-Konzentration der Glockenluft nach 20 Minuten zur Berechnung herangezogen wurde.

Da aus den obigen ausführlichen Betrachtungen über die praktische Handhabung des Apparates zur volumetrischen Kohlensäurebestimmung in Luft nach

Petterson-Sondén, modifiziert von *Reinau*, zur Genüge hervorgeht, daß ein einwandfreies Arbeiten auf freiem Felde, auch unter dem Schutze eines Einbaus des Apparates in einem eigens konstruierten Schrank, wie *Dönhoff* es anfangs versucht hatte, nicht möglich erscheint, mußte Luftprobenahme und -analyse getrennt werden. Zur Probenahme wurde deshalb eine einfache, von *Dönhoff* konstruierte und folgendermaßen beschriebene Einrichtung benutzt:

„Die Apparatur gestattet es, schnell und einwandfrei hintereinander eine beliebig große Anzahl Luftproben zu sammeln, die dann zu gelegener Zeit im Laboratorium mit dem Petterson-Sondénschen Apparat untersucht werden konnten:

Auf den Ringen eines kräftigen Stativs wurden 2 Glaskugeln (s. Abb. 1) mit gleichem Rauminhalt gelagert. Die Glaskugeln besaßen je 3 Capillarrohransätze, die mit kräftigem Gummischlauch überzogen und mit Federquetschen abgeschlossen wurden. Die obere Kugel $K\,1$ wurde völlig mit Quecksilber gefüllt und beide Kugeln durch ein dünnes, in die Schlauchstücke der Capillarrohransätze $A\,3$ und $B\,1$ geschobenes Röhrchen verbunden. Sollte nun eine Bodenluftprobe genommen werden, so wurde $A\,1$ durch eine Capillarrohrleitung mit der Bodenatmungsglocke verbunden und die Quetschhähne bei $A\,1$, $A\,3$, $B\,1$ und $B\,2$ geöffnet. Die obere Kugel füllte sich mit der Luftprobe. War alles Quecksilber aus der oberen Kugel herausgeflossen, so wurden die 4 geöffneten Quetschhähne sorgfältig abgeschlossen und die mit Luft gefüllte Kugel beiseite gelegt. Wurde nun die untere, jetzt mit Quecksilber gefüllte Kugel, auf den oberen Ring, sowie auf den unteren eine neue aufgesetzt, so konnte sofort die nächste Luftprobe angesaugt werden und so weiter in ununterbrochener schneller Reihenfolge. — Die Überführung der Luftproben in den Untersuchungsapparat ging in umgekehrter

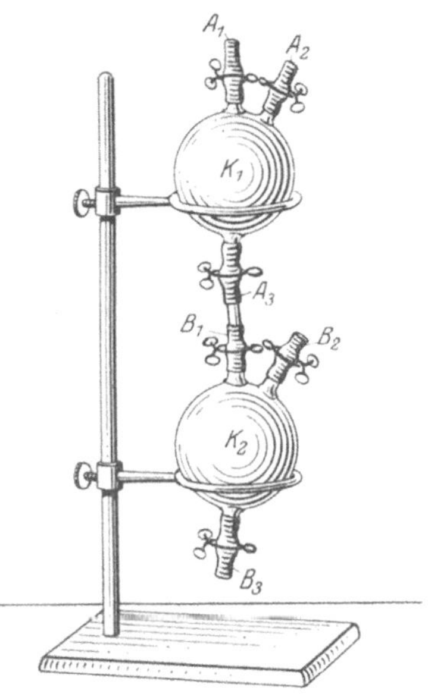

Abb. 1. Apparatur zur Luftprobenahme nach *Dönhoff*.

Weise vor sich. Die Kugel mit der zu untersuchenden Luftprobe wurde auf den unteren Ring des Stativs aufgesetzt und auf den oberen eine Kugel voll Quecksilber. Beide Kugeln wurden wiederum durch ein kurzes Röhrchen verbunden. Dann wurde $A\,1$ geöffnet, $B\,2$ mit der einen Pipette des Untersuchungsapparates durch ein Capillarrohr verbunden und gleichzeitig sowohl das Quecksilber von der oberen in die untere Kugel, als auch im Apparat aus der Pipette in den tiefgehängten Becher fallengelassen. — Die Kugeln faßten die doppelte Luftmenge wie die Pipetten des Apparates." ... „Auch durch Undichtigkeiten in der Verbindungsleitung zwischen Kugel und Untersuchungsapparat konnte niemals falsche Luft eindringen, weil stets bei der Übertragung der Luft in dem ganzen Leitungssystem ein erheblicher Überdruck herrschte."

Zur Entnahme der Bodenluftprobe diente eine Sonde, die den genauen Angaben und Maßen *Russel* und *Appleyards*[29] nachgebaut war. Ein unwesentlicher Unterschied bestand darin, daß der innere Stab der Sonde, die *Russel* und *Appleyard* benutzt haben, eine einzige feine Rille in der Längsrichtung aufwies, die sowohl am unteren Ende der Scheide als auch in der Höhe des Absaugemundstücks in ein ringsum laufendes Kanälchen mündete, während im vorliegenden Falle diese *eine* Längsrille durch ein vierseitiges flaches Abfeilen des inneren Rundstabes ersetzt wurde (s. Abb. 2). Diese Abänderung sollte Schwierigkeiten beseitigen, die sich sowohl bei den englischen Autoren wie bei *Lundegårdh* gezeigt hatten, wenn es galt, Luftproben von nur 8—10 ccm aus einem sehr nassen Boden zu gewinnen. Es sogen sich feuchte Erdteilchen in die feine Rille, verstopften sie und verhinderten die Probenahme. Durch das flache vierseitige Anfeilen des sonst runden Innenstabes wurde die Saugwirkung der einen Rille auf 4 je 0,5 cm breite, feine Spalte verteilt und beträchtlich herabgemindert oder wenigstens mehr Aussicht geschaffen, daß nicht *alle* Wege, die die Bodenluft nehmen konnte, zugleich versperrt wurden. In der Tat trat verhältnismäßig selten der Fall ein, daß die Bodenluft sich nicht ansaugen ließ, sondern in der Regel waren die benötigten 35 ccm aus 20 cm Tiefe mühelos in wenigen Sekunden zu erhalten. Ob dies allerdings der etwas veränderten Konstruktion oder zufällig günstigen Verhältnissen zu verdanken ist, bleibt natürlich offen, da kein Vergleich mit der Originalkonstruktion gemacht wurde.

Zum Eintreiben der Sonde in den Boden diente ein Dorn A (s. Tafel 2), an dessen einem Ende ein Griff B befestigt war. Das darüber hinausragende Ende A^1 des Dornes war so bemessen, daß der von diesem Ende vorgetriebene Innenstab C

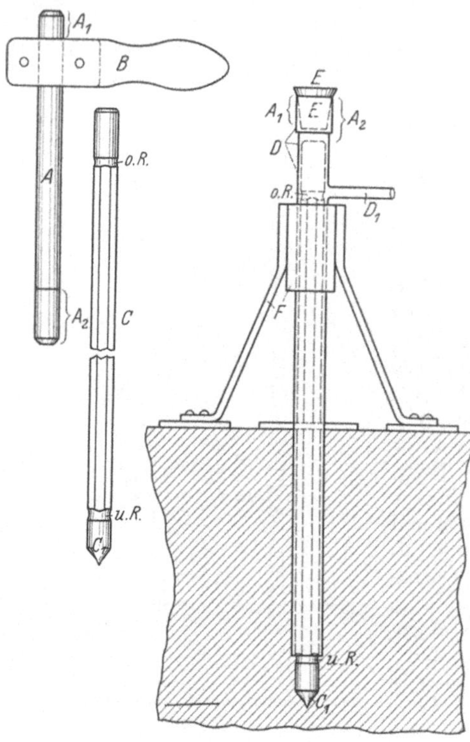

Abb. 2. Bodensonde nach *Russel* und *Applegard*.
A. Dorn. *B.* Griff. *C.* Innenstab. *D.* Äußere Scheide.
E. Verschlußkorken. *F.* Dreifuß.

gerade mit der Spitze C_1 die äußere Scheide D unten verlängerte, wenn der Griff B der Scheide D oben auflag. War die Scheide bis zur gewünschten Tiefe im Boden, so wurde der Innenstab mit dem anderen Dornende A_2 bis zu einer vorgezeichneten Marke noch ein Stück vorgetrieben, d. h. bis der untere Ring (u.R.) am Ende der Scheide und der obere Ring (o.R.) in Höhe des Ansaugmundstückes D^1 lag. Dann wurde der Dorn herausgezogen und die Sonde oben mit einem einfachen geölten Korken E fest verschlossen. Daß dieser primitive Verschluß absolut luftdicht ist, davon kann man sich leicht überzeugen, indem man das untere Ende mit Glaserkitt oder Plastilin verstopft und dann Luft zu saugen versucht.

Zur Vermeidung von Fehlern, indem der Luftprobe aus der gewünschten Tiefe solche aus geringerer Tiefe oder gar atmosphärische Luft beigemischt werde, ist es erforderlich, daß die Sonde sicher und senkrecht in den Boden eingeführt wird, wobei möglichst jede unnütze Zerstörung der vorhandenen Bodenstruktur zu vermeiden ist. Zu diesem Zwecke benutzte Verf. einen Dreifuß F, der ein etwa 10 cm langes Führungsrohr hielt (s. Abb. 2). Die Höhe war aus rein praktischen Gründen so gehalten, daß die Sonde gerade 20 cm tief im Boden steckte, wenn das Führungsrohr das Ansaugemundstück stützte. Diese einfache Vorrichtung hat sich ebenfalls in ihrer Handhabung sehr bewährt. Sobald die Sonde in der gewünschten Tiefe steckte, wurde oberflächlich der Boden mit den Fingern ringsum fest an die Sonde angedrückt, um die Wahrscheinlichkeit herabzumindern, daß die Saugwirkung sich außen an der Sonde senkrecht in die Höhe fortpflanzte und somit Luftproben unerwünschter Herkunft erhalten wurden. Daß dies tatsächlich ein sehr seltener Ausnahmefall war, haben die späteren Messungen bewiesen, indem die Schwankungsbreiten der Parallelmessungen sich immer als recht einheitlich erwiesen und nur sehr wenige Male ein außergewöhnlich niedriger CO_2-Gehalt innerhalb einer Serie gemessen wurde, der sich ohne weiteres als Fehler bei der Probenahme dokumentierte.

Als Ansaugvorrichtung und Luftprobenbehälter sollte zunächst eine kleinere Form (30 ccm) der oben beschriebenen und abgebildeten Glaskugeln *Dönhoffs* dienen, doch stellten sie sich für diesen Zweck als ungeeignet heraus. Das Ansaugen von Bodenluft aus 20 cm Tiefe in einem milden, humosen Lehmboden erfordert eine gewisse Kraft, da hier im Verhältnis zur benötigten Menge nicht so reichlich Luft zur Verfügung steht wie bei den Lundegårdhschen Glocken, denen aus einem Raume von 5300 ccm nur 150 ccm entnommen wurden. Rechnen wir im Boden in 20 cm Tiefe einen Luftgehalt von 10 Vol.-%, so wird alle Luft im Bereich von 350 ccm benötigt; das bedeutet, wenn man sich die Entnahme sphärisch vorstellt, eine Kugel, deren Inhalt $\frac{4}{3}\pi r^3 = 350$, also deren Radius

$$r = \sqrt[3]{\frac{350 \cdot 3}{4}} = 4{,}4 \text{ cm beträgt.}$$ Die Durchlässigkeit des Bodens für durchgepreßte Luft, die sog. „Permeabilität", ist von *Heinrich* ([9], S. 123) und *Ammon* ([1], S. 209) zum Gegenstand eingehender Betrachtungen gemacht worden, aus denen sich unschwer erkennen läßt, welchen Widerstand der Boden Massenbewegungen von Luft entgegensetzt. Im vorliegenden Falle müssen wir aber eine Verschiebung von Luftteilchen durch etwa 6—8 cm annehmen, da das Defizit nur aus der Atmosphäre, also wohl hauptsächlich aus der Richtung senkrecht bis schräg von oben gedeckt wird. Dieser Widerstand muß von der Ansaugvorrichtung glatt bewältigt werden. Dazu genügte aber meist nicht, daß in der verkleinerten Hilfsapparatur *Dönhoffs* 30 ccm Quecksilber Gelegenheit hatten, durch eine Capillare aus der oberen Kugel in die untere abzufließen. Meist kam das Quecksilber horroris vacui causa sehr schnell zum Stehen oder, wenn mehr abfloß und sich in der oberen Kugel ein luftverdünnter Raum langsam vergrößerte, der also Unterdruck hatte, stieß plötzlich atmosphärische Luft mit atmosphärischem Druck durch das darüber lagernde Quecksilber aus der unteren Kugel in die obere, womit die Luftprobe unbrauchbar war. Auch wenn bei trockenem Boden und trockener Lagerung eine unverfälschte Probe gewonnen werden konnte, mußte doch vor ihrer Überführung in den Untersuchungsapparat, der 75 ccm faßte und infolgedessen einen Zusatz CO_2-freier Luft verlangte, das tatsächlich gewonnene Volumen unter dem herrschenden Atmosphärendruck festgestellt werden, da ein Unterdruck geringerer Größenordnung bei der Probenahme nicht beobachtet werden konnte. Diese Manipulation war praktisch zu kompliziert und eine Quelle von Verdrießlichkeiten und unbemerkt sich einschleichenden Arbeitsfehlern. Es wurde deshalb zu folgender Vorrichtung (s. Abb. 3) gegriffen:

Eine 30 ccm fassende Glasbürette mit aufgezeichneter Skala wurde senkrecht an einem Stativ befestigt. Das obere Ende schloß mit einem Dreiweghahn und einer waagerechten und einer senkrechten capillaren Ausmündung. Am unteren

Ende ging die Bürette in einen kräftigen Gummischlauch über, der einige Zentimeter länger war als die Bürette und seinerseits in einer offenen Glasbirne endete, die ihrer Funktion nach dem Rezipienten im Petterson-Sondén-Apparat entsprach. Als regulierende Flüssigkeit kam auch hier nur Quecksilber in Frage. — Das Stativ trug 2 Ringe, um die Nivellierbirne darauf setzen zu können. Der eine Ring war so hoch angebracht, daß das Quecksilber bei offenem Dreiweghahn genau die Bürette füllte, der andere Ring so niedrig, daß sich das Quecksilberniveau in der Bürette genau auf die gewünschte Kubikzentimeterzahl einstellte. Die Probenahme mit diesem System kommunizierender Röhren gestaltete sich folgendermaßen: Die waagerechte Ausmündung der Bürette wurde mit dem Ansaugmundstück der Bodenluftsonde durch eine kurze Capillarrohrleitung verbunden, während der Dreiweghahn die Verbindung zwischen Bürette und Sonde herstellte. Die Nivellierbirne saß im oberen Ring, so daß das Quecksilber die Bürette vollständig ausfüllte. Sodann wurde sie vorsichtig so weit gesenkt, bis etwa 5 ccm angesogen waren (das Doppelte des Leitungsinhalts). Darauf wurde der Hahn so gedreht, daß er Bürette und senkrechte Ausmündung verband und durch Heben der Nivellierbirne die Leitungsluft ausgetrieben werden konnte. Dann wurde der Hahn wieder in die Ausgangsstellung gebracht und nunmehr das volle Quantum plus etwa 5 ccm Überschuß angesogen. Die Saugkraft entspricht der jeweiligen Höhe der Quecksilbersäule und kann noch dadurch verstärkt werden, daß man die Nivellierbirne statt auf dem unteren Ring auf den Erdboden legt. An dem mehr oder weniger verlangsamten Sinken des Quecksilbers kann eventueller Unterdruck genau beobachtet werden. Hat sich das Quecksilber vollständig bis in den Gummischlauch zurückgezogen, so wird mit dem Dreiweghahn die Bürette abgeschlossen, die Nivellierbirne auf den unteren Ring gesetzt, so daß nun an dem Stande des Quecksilbers, auf den es sich einspielt, ersehen werden kann, ob die gewünschte Menge Bodenluft bereits gewonnen wurde. Steigt das Quecksilberniveau in der Bürette höher als im Rezipienten, so fehlen noch Anteile, und es wird meist gelingen, durch nochmaliges Senken desselben auf dem Erdboden und dann folgendes recht plötzliches Öffnen der Verbindung Bürette—Sonde das Fehlende zu erhalten. Gelingt das nicht, so ist damit nichts verloren, denn man kann bei geschlossener Bürette durch vorsichtiges Auf- und Niedersenken des Rezipienten genau feststellen, wieviel Kubikzentimeter Bodenluft in der Bürette tatsächlich vorhanden sind und das für die weitere Verrechnung berücksichtigen.

Auch die Überführung der Probe in den Analysenapparat war denkbar einfach. Es wurde immer etwas mehr Luft aus dem Boden genommen als tatsächlich analysiert werden sollte. Erst im Laboratorium wurde der Überschuß durch vorsichtiges Öffnen des Dreiweghahns herausgelassen und nur die zur Analyse bestimmte

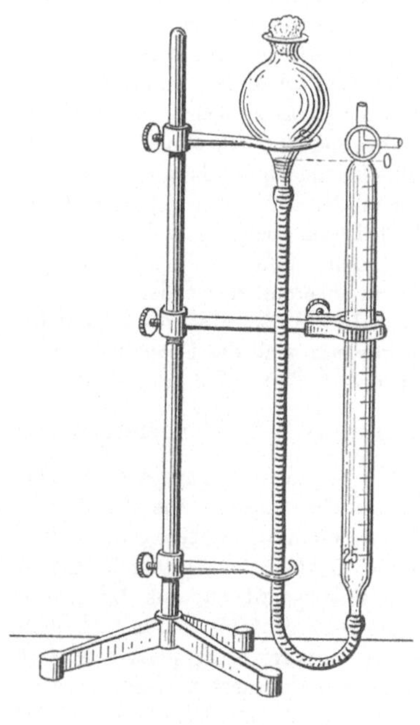

Abb. 3.

Menge plus einem in der Leitung verbleibenden Rest in der Bürette behalten. Zur Analyse kamen in der Regel 25 ccm aus folgenden Gründen: Zunächst darf eine Bodenluftprobe möglichst nicht größer sein, wenn sie etwas über eine bestimmte Region der Ackerkrume aussagen soll. Es wurde oben schon berechnet, daß bei 10 Vol.-% Luftgehalt des Bodens, sofern wir uns die Ansaugwirkung sphärisch vorstellen, 35 ccm Bodenluft den Bereich einer Kugel vom Durchmesser 8,8 cm bedeuten, also rund 10 cm, wenn wir gewisse Deformationen, besonders nach oben hin, voraussetzen. — Außer diesen in der Sache selbst liegenden Gründen war auch rein technisch die Rationierung auf 25 ccm eine bequeme. Der Meßbereich des Analysenapparates geht normal bis höchstens $^1/_2$ Vol.-% Kohlendioxyd. Ein höherer Gehalt kann entweder durch sehr umständliches und zeitraubendes Operieren mit dem Apparat oder durch Verdünnung mit CO_2-freier Luft gemessen werden. Dieser Weg war also der gegebene. Da die Pipetten des

Analysenapparates 75 ccm faßten, so war das Resultat bei Verwendung von 25 ccm Bodenluft nur mit drei zu multiplizieren, außerdem der Meßbereich auf 1,5 Vol.-% erhöht, was für die vorliegenden Messungen vollkommen ausreichte. — Bei der Überführung der Probe in den Apparat wurde dieser mit der Bürette durch einen kurzen capillaren Schlauch verbunden, der Rezipient des Analysenapparates zum Ansaugen herunter-

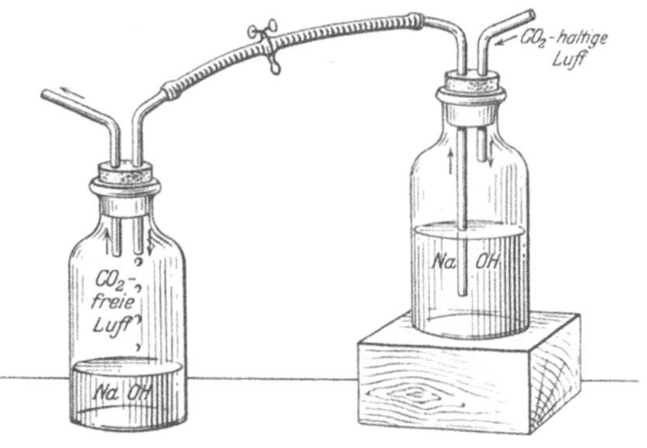

Abb. IV.

gehängt, der Dreiweghahn nach dorthin geöffnet und die Nivellierbirne der Probenbürette in den oberen Ring gehängt. In dem Augenblick, in dem das Quecksilber die Bürette wieder vollständig füllte, somit alle Probeluft im Apparat war, wurde der Hahn unter der Quetschschraube der Pipette des Apparates geschlossen, so daß völliger Stillstand im System herrschte. Dann konnte die Verbindung des Apparates mit der Bürette aufgehoben und dafür mit dem Lieferanten CO_2-freier Luft hergestellt werden.

Als Lieferanten CO_2-freier Luft dienten 2 Flaschen, die in verschiedener Höhe aufgestellt waren. Aus der oberen Flasche ließ man durch Öffnen einer einfachen Quetsche für die benötigte CO_2-freie Luft das entsprechende Quantum NaOH in die untere Flasche laufen. Das System ist so einfach und wohl auch weit verbreitet, daß sich neben der Abbildung 4 die weitere Beschreibung erübrigt.

Die auf Abb. 3 abgebildete und oben ausführlich beschriebene Einrichtung zur Entnahme und Aufbewahrung der Bodenluftproben bewährte sich außerordentlich. Es konnte mit ihrer Hilfe bei genügend lockerem und nicht zu nassem Boden einschließlich Einführung der Sonde in den Boden eine Probe mühelos in einer Minute gewonnen werden; nur bei dichter Lagerung und Nässe erforderte das Ansaugen längere Zeit. Lediglich der Transport war unbequemer als bei den Dönhoffschen Glaskugeln. An einem Normal-70 cm-Stativ waren 2 solche Probenehmer mitsamt den zugehörigen 4 Ringen angebracht, so daß eine Person z. Zt. 4 Büretten tragen kann. Das war insofern keine große Belastung, als im vorliegenden Falle die Analysen im eigens zu diesem Zwecke hergerichteten „Wasserhaus" des Versuchsfeldes gemacht wurden und die Proben meist in einem Umkreis von 100 m genommen werden konnten. Es ist ja auch denkbar, daß man Bürette und Quecksilberbirne mit Gummischlauch durch eine leicht trennbare Vorrichtung verbindet, wie es scheinbar *Lundegårdh* ähnlich eingerichtet hat.

Für die vorliegenden Untersuchungen, soweit sie nicht auf den Feldern der Versuchswirtschaft gemacht wurden, waren einige zwanzig Parzellen von der Größe 2×5 m angelegt und teils mit Kartoffeln, Zuckerrüben, Erbsen, Hafer oder Gerste bestellt, teils unbestellt gelassen. Vorfrucht war einheitlich Weizen, vor Winter gepflügt und im Frühjahr auf 30 cm gefräst. Die Pflege bestand zunächst nur in Vertilgung des Unkrautes durch Jäten, alle übrigen Arbeiten wurden den jeweiligen Untersuchungszwecken angepaßt. Die Bestellung sämtlicher Früchte erfolgte am 19. IV.; Kartoffeln und Zuckerrüben in 50 cm Reihenentfernung, Erbsen, Gerste und Hafer in Bandsaat 40—10 cm. Die Bandsaat wurde gewählt, um die Lundegårdhschen Glocken zur Bestimmung der Bodenatmung zwischen den Reihen aufsetzen zu können, ohne vorher Pflanzen abschneiden zu müssen, während die Bodensonde stets *in* der Reihe bzw. im Bande eingeführt wurde. Der Aufgang erfolgte gleichmäßig mit Ausnahme der Erbsenbeete, wo Vogelfraß Lücken verursachte. Die Entwicklung war trotz der Dürre bis zur Reife gut, was wohl dem an dieser Stelle sehr hohen Grundwasserstand (70—90 cm) zu verdanken ist. Eine Störung erlitten nur die Frühkartoffeln durch Nachtfrost vom 1. zum 2. VI., der alles bis dahin entwickelte Kraut vernichtete. Obwohl das Kraut wider Erwarten schnell und gut von neuem wuchs, blieb der Ertrag gering. Eine Düngung wurde den Versuchsparzellen nicht gegeben.

Zur praktischen Durchführung der Untersuchungen wurde zunächst alles nötige Hilfsmaterial an Ort und Stelle gebracht, sodann die Atmungsglocke I in die erste Parzelle eingesetzt. Nach 10 Min. wurde Atmungsglocke II in die zweite zu untersuchende Parzelle eingesetzt. Nach 20 Min. wurde eine Luftprobe aus der Atmungsglocke I mit Hilfe der Dönhoffschen Glaskugeln genommen, was $2—2^1/_2$ Min. beansprucht, so daß die Glocke I nach 23 Min. wieder neu eingesetzt werden konnte, je nachdem in eine dritte Parzelle oder in die gleiche. Nach 30 Min. wurde eine Probe aus Glocke II entnommen usw. Die Bedienung der 2 Atmungsglocken erfordert eine ganz bestimmte, genaue Zeiteinhaltung und damit besondere Aufmerksamkeit. Es dürfte eine einzelne Person wohl schwerlich mit mehr als 2 Glocken zu gleicher Zeit exakt arbeiten können. Die jedesmal entstehenden Pausen von 7 bzw. 10 Min. wurden für alle übrigen Handgriffe und Notizen benutzt. Die Bodenluftproben wurden ebenso wie die Atmungsproben immer abwechselnd von den verschiedenen Parzellen genommen. Wenn auch *Russel* und *Appleyard* die Erfahrung gemacht haben, daß die Einzelwerte der Bodenluftanalysen besser übereinstimmen, wenn man sie aus demselben Loch entnimmt, konnte das nicht für diesen Zweck Anwendung finden, wo gesicherte und nicht zufällige Unterschiede unmittelbar benachbarter Parzellen studiert werden sollten. Deshalb wurde jede Einzelprobe jeder Untersuchung, zu der immer 3 Atmungsproben und 4 Bodenluftproben je Parzelle genommen wurden, mindestens 0,5 m von der vorhergehenden Probe entfernt gewonnen. Mehr als 4 Parzellen zur Zeit wurden nicht untersucht, da dazu bereits $2^1/_2$ Stunden nötig waren und man bei längerer Dauer nicht mehr von einem Augenblicksbild, das doch gesucht wurde, sprechen kann. Da die absolute Höhe der Bodenatmung mit großer Amplitude in Abhängigkeit von meteorologischen Faktoren wie Temperatur, Bewölkung, Wind und Nebelbildung schwankt, überschneiden sich die Einzelresultate der verglichenen Parzellen bei dem benötigten zeitlichen Auseinanderfall von $1^1/_4$ (2 Vergleichsparzellen) bis $2^1/_2$ Stunden (4 Vergleichsparzellen) fast stets. Die Unterschiede in den Bodenatmungswerten der verschiedenen Parzellen können also nur aus einer Zusammenziehung der Einzelresultate erhellen und werden deshalb stets als arithmetisches Mittel der drei Beobachtungen angegeben. Im Sinne der Fehlerberechnung können sie nicht als gleichzusetzende Werte gelten und bieten daher keine Unterlage für diese. — Der Kohlendioxydgehalt der Bodenluft schwankt zwar auch im normalen Tagesverlauf ziemlich erheblich, immerhin stetiger und gleichsinniger als die Bodenatmung, außerdem war die zwischen den einzelnen Probenahmen verstreichende Zeit bedeutend kürzer, so daß zum arithmetischen Mittel M stets auch der mittlere Fehler m angegeben werden konnte. Die Schwankungsbreite der Einzelresultate ist jedoch in hohem Grade davon abhängig, ob zur Zeit der Probenahme der CO_2-Gehalt der Bodenluft sich in einem relativ stationären Zustand befindet oder gerade in starker Veränderung begriffen ist. Zur Erläuterung mögen die ersten Werte dienen, die Verf. gewann, als er zum erstenmal der Frage nachging, ob überhaupt mit den vorgeschriebenen Mitteln genügend übereinstimmende Zahlen zu erlangen seien, die ein Schwanken des CO_2-Gehaltes der Bodenluft im normalen meteorologischen Ablauf eines Tages einwandfrei erweisen (Tab. 1). Das Wetter war bis etwa 15 Uhr trübe

Tabelle 1.

Uhrzeit	CO_2-Gehalt der Bodenluft	Mittl. Fehler	m %
10	0,404 Vol.-%	0,018	4,5
12	0,387 „	0,023	6
14	0,339 „	0,025	7,4
16	0,548 „	0,054	10

und fast ohne Temperaturveränderung, in welcher Zeit also der Kohlendioxydgehalt der Bodenluft nur ganz langsam abnimmt und die Amplitude der Einzelresultate sich in sehr gleichweiten Grenzen hält. Dann klärte sich der Himmel ziemlich plötzlich auf, während die windstille Luft sich außerordentlich stark erwärmte. In dieser Zeit nimmt der CO_2-Gehalt der Bodenluft stark (rund um 40%) zu. Die Einzelresultate zeigen aber auch eine um über 100% vergrößerte Abweichung vom Mittel. Würde man also den mittleren CO_2-Gehalt der Bodenluft graphisch darstellen, so würden immer an den steilsten Teilen der Kurve die größten Abweichungen vom Mittel auftreten. Diese Erscheinung ist durchaus verständlich, da ja der Boden in seiner Struktur und in seiner Biologie, je nach der Größe der in die Betrachtung einbezogenen Stücke, mehr oder weniger stets Inhomogenitäten aufweist, müssen auch die CO_2-Bildungsmöglichkeiten, z. B. durch angehäufte organische Reste und Bakterienkolonien, an verschiedenen Punkten einer gegebenen Tiefe verschieden sein. Nun wandert die im Boden im Überschuß entstehende gasförmige Kohlensäure nach den Gesetzen der Diffusion sofort in die Richtung des *größten* Gefälles ab, also senkrecht aufwärts in die Atmosphäre, und erst allmählich wird sich auch horizontal im Boden selbst der Ausgleich vervollständigen. Hinzu kommt noch, daß der freien Diffusion im Boden allerlei später zu erörternde Hindernisse im Wege liegen, die gemessenen örtlichen Zentren verschieden intensiver Bildung von CO_2 aber horizontal weiter auseinanderliegen können als sie von der Bodenoberfläche entfernt sind. Auch dies Moment bedingt einen langsameren horizontalen Ausgleich. (Zeitliches Auseinanderfallen der Probenahme kann im Beispiel der Tab. 1 nicht für die größere Amplitude bei derzeitiger stärkerer Änderung des CO_2-Gehaltes der Bodenluft verantwortlich gemacht werden, da die Einzelproben jedesmal ohne Pause, also insgesamt in einer Zeitspanne von höchstens 5 Min. gewonnen wurden.) Weitere Faktoren, die die Abweichung der Einzelwerte vom Mittel vergrößern, sind frisch gefallener Regen und stark ausgetrockneter Boden, der tiefergehende Spalten und Risse zeigt, u. a. m. *Russel* und *Appleyard* geben für ihre Bodenluftanalysen einen mittleren Fehler des Mittels von 0,030—0,040 an. In der vorliegenden Arbeit kommen zwar gelegentlich noch gröbere Abweichungen vor, doch liegt der Durchschnitt bei 0,015—0,025, oft sogar darunter. Ebenso überschreitet die Abweichung vom Mittel gelegentlich 20%, wie sie von den englischen Autoren angegeben wird. Doch das sind Ausnahmen. Der Durchschnitt liegt erheblich niedriger.

Schließlich wurden stets folgende Beobachtungen gemacht und während der Probenahme notiert: Barometerstand, kurze Charakteristik des Wetters, insbesondere Bewölkungsgrad, Windstärke und -richtung, relative Luftfeuchtigkeit, Lufttemperatur in 1 m Höhe am unbeschatteten Thermometer, Temperatur des Bodens in 20 cm Tiefe und Wassergehalt des Bodens in 15—25 cm Tiefe. Zur letzteren Bestimmung wurden

10—20 g Boden mit dem C. Fränkenschen Erdbohrer, der von *Stoklasa* ([30], S. 481) eingehend beschrieben wird, aus 20 cm Tiefe geholt und in ein Wiegeschälchen mit eingeschliffenem Deckel getan, sodann das Frischgewicht auf einer analytischen Waage festgestellt, 24 Stunden bei 100 bis 105° getrocknet und das Trockengewicht festgestellt. Der Wassergehalt, der in Gewichtsprozenten des trockenen Bodens angegeben wird,

$$\text{ist:}\ \frac{\text{Gew. d. Wassermenge} \cdot 100}{\text{Gew. d. trockenen Bodens}}.$$

Hauptteil.

A. Geschichtliches und Theoretisches zur Kenntnis der Beziehungen des CO_2-Gehaltes der Bodenluft zur CO_2-Ausatmung des Bodens.

Daß der CO_2-Gehalt der Bodenluft und die CO_2-Ausatmung des Bodens in ursächlichem Zusammenhang miteinander stehen müssen, ist seit langem angenommen worden und hat im Sprachgebrauch zu dem Ausdruck „Gasaustausch des Bodens" geführt. Allerdings beschränkt sich der Begriff des Gasaustausches nicht nur auf das Übertreten von Kohlendioxyd aus dem Boden in die freie Atmosphäre, sondern bezieht auch den Eintritt von Sauerstoff aus der Atmosphäre in den Boden mit ein. Die Tatsache der Sauerstoffaufnahme und Kohlendioxydabgabe des Bodens führte auch zur Bildung des Wortes „Bodenatmung". Während der allgemeine Sprachgebrauch unter Atmung den regelmäßigen Wechsel zweier entgegengesetzter Luftströme versteht, von denen der eine ebensoviel Sauerstoff wie der andere Kohlendioxyd transportiert, ist diese rein mechanische Tätigkeit des atmenden Tierkörpers von der Wissenschaft nur als notwendige Begleiterscheinung erkannt. Für sie besteht das Wesen der „Atmung" in der Verbrennung bzw. Oxydation kohlenstoffhaltiger Substanzen im lebenden Organismus, der die so gewonnene Wärme zu irgendwelchen lebensenergetischen Prozessen verwendet. Der rein chemische Effekt besteht darin, daß Sauerstoff gebunden und Kohlendioxyd frei wird, also ein Austausch normalerweise äquivalenter Gasmengen. Nun handelt es sich aber bei den gemeinten Vorgängen, die sich zwischen der Atmosphäre und dem Erdreich abspielen, weder um regelmäßigen Wechsel entgegengesetzt gerichteter Luftströmungen, wenn wir von einigen, aber rein zufälligen und höchst seltenen Ausnahmen und denjenigen Regelmäßigkeiten absehen wollen, deren Ausmaß praktisch bedeutungslos ist, noch sind die geförderten Mengen CO_2 und O_2 notwendig äquivalent. Schon *Dehérain* und *Demoussy* (Sur l'oxydation de la matière organique du sol. Ann. Agron., *22*, 305—337 [1896]) zeigten, daß das produzierte Volumen CO_2 gewöhnlich geringer ist als das des absorbierten Sauerstoffs. Auch die Kurven von *Russel* und *Appleyard* zeigen mit nur zwei Ausnahmen, daß in Perioden verstärkter Nitrifikation der Sauerstoffverlust größer ist als der Kohlendioxydgewinn. So ist es also nicht schade, *wenn durch Lundegårdh das Wort „Bodenatmung" eine Fixierung als terminus technicus erfahren hat und als solcher nichts anderes mehr bezeichnet als die Menge des je Quadratmeter/Stunde aus dem Boden entweichenden Kohlendioxyds.* Auch von einem „Gasaustausch" im eigentlichen Sinne des Wortes kann nicht gesprochen werden. Denn daß es sich dabei nicht um äquivalente Mengen handelt, wurde schon gesagt; von einem Austausch könnte aber auch gesprochen werden, wenn es sich immer um ein *bestimmtes* Verhältnis von $O_2 : CO_2$ handelte, das sich nicht gerade wie 1 : 1 zu verhalten braucht. In Wirklichkeit handelt es sich um zwei gleichartige, aber voneinander unabhängige Vorgänge. Die Oxydationsvorgänge im Boden verbrauchen O_2 und bilden daraus mehr oder weniger CO_2. In der Bodenluft entsteht dadurch ein Überschuß an CO_2 und ein Unterschuß an O_2 gegenüber dem Gehalt der freien Atmosphäre über dem Boden an diesen Gasen. Diese beiden lokalen Gehaltsdifferenzen suchen sich nach den Gesetzen der Diffusion auszugleichen. Die Höhe der Diffusion ist aber außer von der Art der Gase abhängig von dem Gefälle, d. h. die je Quadratzentimeter/Sekunde diffundierenden Gasmengen sind proportional der Differenz der Partialdrucke und ihrer Entfernung voneinander. Dieses Gefälle ist aber ein durchaus verschiedenes, denn der Normalgehalt der freien Atmosphäre an Sauerstoff beträgt rund 21 Vol.-%, an Kohlendioxyd jedoch nur 0,03 Vol.-%. So laufen hier also dauernd zwei Diffusionsströme, die in ihrer Größe ganz unabhängig voneinander sind, wenn sie auch praktisch oft annähernd äquivalente Mengen befördern. Es muß auch nicht notwendigerweise in der Bodenluft die Summe von $O_2 + CO_2$ immer einen bestimmten Volumenanteil zum Ganzen annehmen, sondern es kann an die Stelle von O_2 wie auch von CO_2 ein Quantum N_2 treten. *Russel* und *Appleyard* ([29], S. 2) kleiden diese Tatsache in folgende Sätze: „In general the soil air was found to be very similar in composition to ordinary atmospheric air, especially as regards the percentages of oxygen and nitrogen. It commonly contains less oxygen and more carbon dioxide, usually also more nitrogen . . ."

So erscheint die Sachlage durchaus klar. Trotzdem ist diese Erkenntnis erst neuesten Datums. Erst 1922 erschien in Stockholm die Dissertation *Romells* über „Die Bodenventilation als ökologischer Faktor", die diese Verhältnisse in gründlichster Art klarlegt. Bis dahin war dies Problem in Ermangelung genügend erforschter und hinsichtlich ihrer gegenseitigen Bedeutung abgewogener Gegebenheiten ein Gebiet gewagter Spekulationen; und es ist interessant, wie seit Jahrzehnten, teils mit, teils ohne praktische Untersuchungen bis in die neueste Zeit die Rolle der Diffusion auch von namhaften Bodenkundlern völlig verkannt wird, in der Vermutung, daß die verschiedensten meteorologischen Faktoren hier „ventilierend" wirkten.

Es seien daher erst einmal rein theoretisch die Einwirkungsmöglichkeiten dieser meteorologischen Faktoren auf die Bodendurchlüftung und ihre Größenordnung kurz genannt. Von dieser Größenordnung hinsichtlich der Bodendurchlüftung kann man sich nur ein Bild machen, wenn man sich zunächst überlegt, wie groß die Durchlüftung sein *müßte*. Die Untersuchungsbefunde der vorliegenden Arbeit gestatten dazu folgende Durchschnittszahlen für normal feuchten Ackerboden im Sommer anzunehmen: Gehalt der Bodenluft 0,5 Vol.-% CO_2, Bodenatmung 300 mg CO_2/Quadratmeter/Stunde. Um also 300 mg in einer Stunde bei einem Gehalt der Luft von 0,5 Vol.-% = etwa 10 mg CO_2 je 1 l Luft aus dem Erdboden zu befördern, müßten folglich 30 l Luft dem Quadratmeter Bodenoberfläche in der Stunde entsteigen. Nehmen wir nun den Luftgehalt dieses normal feuchten Ackerbodens mit 20 Vol.-% an, so entspricht dies dem Luftgehalt bis in 15 cm Tiefe, der stündlich erneuert werden müßte. Da der Ersatz dieser Luft auch nur aus der Atmosphäre geschehen kann, müßten also stündlich die Poren des Quadratmeters Bodenoberfläche 30 l Luft in der einen und 30 l in der anderen Richtung passieren, um die obigen tatsächlich gefundenen Werte zu erreichen, die gegenüber den gelegentlich angegebenen Durchschnitten von *Lundegårdh*, *Reinau* und *Romell* noch niedrig liegen. Mit anderen Worten: wenn man von „durchlüftenden" meteorologischen Faktoren spricht, so müßte die einmalige Durchlüftung, die einmalige Erneuerung der Luft normal stündlich bis zu einer Tiefe von 15 cm gehen. Schon das scheint ohne nähere Prüfung eine recht hohe Forderung. Doch kann durch eine einfache Überlegung diese Normaldurchlüftung völlig ad absurdum geführt werden: die 300 mg Bodenatmung und 0,5 Vol.-% CO_2-Gehalt der Bodenluft wurden als Durchschnittswerte angegeben. Sie können somit einen Dauer- oder Gleichgewichtszustand darstellen, der sich zwischen CO_2-Produktion im Boden und Abgabe an die freie Luft einstellt, d. h. es würde die Bodenatmung nicht in der Höhe von 300 mg CO_2 je Quadratmeter/Stunde und der $1/_2$ proz. Kohlendioxydgehalt der Bodenluft nicht bestehen bleiben, wenn nicht diese 300 mg CO_2 stündlich im Boden wieder neu gebildet würden. Erzeuger der Kohlensäure im Boden sind aber tatsächlich vier so gut wie ununterbrochene Prozesse, nämlich die Erhaltung der Lebensenergie des Edaphons, die Wurzelatmung, die Zersetzung der organischen Masse und die Verwitterung anorganischer Mineralien, wobei man wieder für die beiden letzten Prozesse teils die Tätigkeit des Edaphons, teils rein chemische Reaktionen mehr oder minder verantwortlich zu denken hat. Würde nun besagte Durchlüftung, die nach den gefundenen Durchschnittswerten für den Kohlensäuregehalt der Bodenluft und die Kohlensäureausatmung des Bodens zu fordern ist, auch nur eine Stunde unterbrochen, so würde der Kohlendioxydgehalt der Bodenluft sich bereits verdoppelt, nach

10 Stunden verzehnfacht haben usw. Die Katastrophen für die Pflanzenwelt wären unausdenkbar.

Wie steht es demgegenüber nun mit der Leistungsfähigkeit der durchlüftenden Faktoren? Als solcher galt z. B. Wechsel des Luftdrucks. Ihn gibt *Ramann* ([18]. Ausg. 1893, S. 13 u. 109, 1905 S. 297, 1911 S. 386) in seiner Bodenkunde an. Nach *Hanns* Klimatologie ([7], 1908 Bd. 1, S. 80) strömt Luft aus dem Boden, wenn der Luftdruck sinkt. Auch *Mitscherlich* nennt in seiner Bodenkunde ([17], Ausg. 1920, S. 172, 1923 S. 163) unter den „Klimatischen Einflüssen", die nach seiner Meinung allein in der Natur die Durchlüftung bewirken, die Luftdruckschwankungen. *Krantz* ([11], S. 192) glaubt an eine täglich 4malige Durchlüftung durch die Luftdruckgezeiten. Erstmalig im Jahre 1904 erscheint aus dem physikalischen Laboratorium des amerikanischen Bureau of soils eine Arbeit *Buckinghams*, die einen Vergleich zwischen den zwei Faktoren Luftdruckschwankungen und Diffusion enthält. Der Vergleich ruht auf experimenteller Basis und ergibt, daß die Luftdruckschwankungen nur eine im Vergleich zur Diffusion verschwindende Bedeutung haben können. *Romell* ([28], S. 301/2) berechnet schließlich die mögliche Durchlüftung durch Barometerschwankungen auf Bruchteile von Zentimeter/Stunde. Erhöhend könne hier nur wirken, wenn eine dünne Schicht eines feinkörnigen Lehmbodens mit 10% Luftgehalt auf grobem Geröll liegt. Um aber die Möglichkeit einer Durchlüftung bis zu 20 Zentimeter/Stunde zu schaffen, müßte diese Geröllschicht 10 m mächtig sein.

Ramann geht jedoch noch weiter, indem er meint, für die Durchlüftung der tieferen Bodenschichten seien die Luftdruckunterschiede zwischen größeren Gebieten von Bedeutung. Ein Eingehen hierauf würde zu weit führen, da unser Interesse sich auf die landwirtschaftlich bedeutungsvollen oberen Schichten, Krume und Untergrund, beschränkt. Weiterhin gibt *Hann* als durchlüftenden Faktor Temperaturschwankungen der Luft an, während *Ramann* an Volumenänderungen und Strömungen der Bodenluft infolge von Temperaturdifferenzen glaubt und besonders die stärkere Erwärmung des Bodens gegenüber der Luft hervorhebt, die nach ihm Vertikalströmungen hervorruft. *Romell* berechnet dazu den theoretisch höchstmöglichen Effekt für eine Sandheide, der eine Durchlüftung bis zu einer Tiefe von 30 cm je Tag ergibt, und zwar kommt das nur für kühle Nächte nach warmen Tagen in Frage, wo also des Nachts die Bodentemperatur mit der Tiefe zunimmt. *Mitscherlich* erwähnt nur die Erwärmung des Bodens ganz allgemein. Um zu zahlenmäßiger Vorstellung über diesen Vorgang zu gelangen, legt *Romell* seiner Rechnung Temperaturmessungen während 15 Tagen zugrunde, die *Müttrich* im Hochsommer bei Eberswalde in verschiedenen Tiefen alle 2 Stunden machte. Die sich ergebende Längendifferenz zwischen größter und kleinster Länge einer von *Müttrich* gemessenen

Temperaturschwankungen ausgesetzten Bodenluftsäule auf dem Felde beträgt 0,6 cm. Diese Ziffer gibt offenbar die Tiefe an, bis zu der der betreffende Boden täglich durch den tagesperiodischen Gang der Temperatur einmal durchlüftet wird. Im Durchschnitt würde der Boden also dadurch je Stunde bis zu 0,25 mm Tiefe durchlüftet werden. — *Ramann* ([18], Ausg. 1905, S. 298) schreibt dem Winde den stärksten Einfluß zu, doch widersprechen dem *Russel* und *Appleyard* ([29], S. 34), die selbst erwartet hatten, daß scharfer Wind Luft aus dem Boden triebe. Aber ihre Messungen ergaben keinerlei Veränderung der Zusammensetzung der Bodenluft nach windigen Frühlingsnächten. Verf. konnte ebenfalls keine Beziehung zwischen dem Winde und den Kohlensäuremessungen feststellen; wiederum abgesehen von seiner im Verein mit der Sonne austrocknenden Wirkung, die frisch nach Regen gelegentlich Struktur- und Luftgehaltsveränderungen hervorrufen kann, aber nicht Druck- oder Saugwirkung ist. — *Mitscherlich* zählt zu den durchlüftenden Faktoren Ansteigen und Fallen des Grundwassers und in Übereinstimmung mit *Ramann* eindringendes Wasser, also in erster Linie Regen. Die Grundwasserfrage bedarf hier keiner weiteren Erörterung, denn sie kann in unseren Breiten und in normalen Verhältnissen merklich nur sehr sporadisch von Bedeutung sein, so im Frühjahr nach der Schneeschmelze und im Hochsommer, wenn sehr heiße Tage mit sehr kühlen Nächten abwechseln und damit die wasserfassende Kraft des Bodens stark wechselt, aber auch dann kommt ihr der geforderten Durchlüftung auf 15 cm Tiefe in einer Stunde gegenüber keine irgendwie wesentliche Bedeutung zu. Anders ist es mit der Wirkung des Regens, der jedoch ein besonderer Abschnitt dieser Arbeit gewidmet ist. Aber auch sie gehört nicht zu den regelmäßigen, sondern nur gelegentlichen Faktoren der Bodenventilation. Wenn *Ramann* und *Mitscherlich* nur diese „klimatischen Faktoren" als Ursachen des Gasaustausches ansehen, ist es auch nicht verwunderlich, daß sie die „Permeabilität" des Bodens, d. h. seine Durchlässigkeit für durchgepreßte Luft, als Maß für seine Durchlüftbarkeit unter natürlichen Verhältnissen ansehen. Es liegt hier eben die irrige Vorstellung zugrunde, daß nur eine mechanische Massenbewegung von Luft den Austausch herbeiführen könne. Allerdings erwähnt *Ramann* ([18], S. 298, Ausg. 1905) auch die Diffusion mit folgender Bemerkung: „Im allgemeinen ist jedoch der Ausgleich durch Diffusion zwischen den Gasen des Bodens so langsam, daß man ihm große Bedeutung kaum beimessen kann." Dagegen heißt es in der Ausgabe von 1893, S. 109: „Die Hauptursache des Gasaustausches im Boden ist auf die Vorgänge zurückzuführen, welche unter dem Namen der Diffusion zusammengefaßt werden." In den späteren Auflagen wird sie von ihm nur mit den anderen Faktoren aufgezählt, diesen also höchstens gleichgestellt. Möglicherweise geschieht dies auf Grund der

1892 erschienenen Arbeit von *Hannén* über den Einfluß der physikalischen Beschaffenheit des Bodens auf die Diffusion der Kohlensäure. Diese Arbeit hat ihre besondere Tragik, denn *Hannén* erforscht diese Dinge mit allen ihren Konsequenzen, die praktisch von Bedeutung sind, nimmt aber nach seiner Zusammenfassung am Schluß der Arbeit dieser durch wenige Sätze ihre ganze praktische Bedeutung, indem er erklärt, draußen in der Natur spiele ja die Diffusion nur eine geringe Rolle gegenüber den „klimatischen Faktoren". Erst *Buckingham* und *Romell* gingen der Leistungsfähigkeit und Bedeutung der Diffusion auf experimentellem und theoretischem Wege nach und erkannten sie als den einzig ausschlaggebenden Faktor.

Es war bereits gesagt worden, daß man für den CO_2-Gehalt der Bodenluft und die Bodenatmung Durchschnittswerte angeben kann. Diese können auch als Dauerzustände aufgefaßt werden, von denen — wenigstens eine Zeitlang — nur geringe Abweichungen vorkommen. Im Dauerzustand ist also die stündliche CO_2-Ausatmung der stündlichen Produktion gleich. Nach den Gesetzen der Physik ist die durch Diffusion in einem Gasgemisch durch die Einheit des Querschnitts in der Zeiteinheit geförderte Menge eines Gases, gleiche Temperatur und gleicher Gesamtdruck vorausgesetzt, einfach proportional dem Konzentrationsgefälle, d. h. der Änderung (Abnahme) der Konzentration des betreffenden Gases in der Richtung des Diffusionsstromes. Daraus folgt, daß der Durchlüftungseffekt stets der gleiche sein muß, solange die Struktur des Bodens und sein Luftgehalt (damit zugleich auch sein Wassergehalt) gleichbleiben, unabhängig von dem jeweils sich einstellenden O_2-Defizit und CO_2-Überschuß, von *Romell* kurz p — und p + genannt. Also: je höher die CO_2-Konzentration, desto höher die Atmung, und umgekehrt. Dagegen ist der Durchlüftungseffekt stark abhängig von der Mächtigkeit der betrachteten Schicht und der Verteilung der Aktivität im Boden. Denkt man sich z. B. die gesamte CO_2-Bildung in den oberen 20 cm des Ackerbodens, so wird sich die dortige CO_2-Konzentration und die Bodenatmung nach der Höhe dieser CO_2-Produktion richten und in den Schichten darunter keine Durchlüftung mehr stattfinden, sondern p — und p + konstant bleiben. Die CO_2-Konzentration der Bodenluft muß aber außerdem mit der Tiefe so weit zunehmen, wie die CO_2-Produktion hinabreicht, da mit zunehmender Entfernung von der Atmosphäre erst eine höhere Konzentration das nötige Gefälle schafft, um eine Abfuhr zu ermöglichen. Sie muß aber auch in einer gegebenen Tiefe um so höher sein, je höher die Produktion in den oberen Schichten ist. Denn die Bodenatmung entspricht ja nicht nur der CO_2-*Produktion*, sondern zugleich auch der CO_2-*Konzentration*. Ist nun z. B. die CO_2-Produktion der oberen 20 cm sehr hoch, so muß sich hier schon eine hohe Konzentration einstellen, um so viel diffundieren lassen zu können, wie produziert wird. Wenn nun die darunterliegende Schicht ihre wenn auch weit geringere CO_2-Produktion an die Atmosphäre abgeben will, so muß sie sich nun erst recht auf eine noch höhere CO_2-Konzentration einstellen. Schließlich sei noch ein Fall überlegt, den *Romell* seinen Berechnungen zugrunde legt, der aber praktisch in der Landwirtschaft nur beschränkt bzw. modifiziert in Frage kommt: Ist die CO_2-Produktion in den allerobersten Zentimetern am stärksten und nimmt entsprechend den Waksmanschen Keimzahlkurven rasch ab, so wären p — und p + in jeder bestimmten Tiefe geringer, als wenn die Gesamtaktivität linear oder anders verteilt wäre, denn die obersten Zentimeter haben ein so starkes Gefälle bzw. so geringe Entfernung von der Atmosphäre, daß die CO_2-Konzentration hier sehr niedrig bleibt. Praktisch dürfte in der Landwirtschaft die Kruste oder ausgetrocknete Hackschicht als verdichtete bzw. sterile Membran meist dazwischenliegen und die Verhältnisse etwas weniger günstig gestalten.

So also würden die Beziehungen des CO_2-Gehaltes der Bodenluft zur CO_2-Ausatmung des Bodens im großen Ganzen aussehen, wenn die Diffusion sie allein oder wenigstens als ausschlaggebender Faktor regelte. *Romell* geht dieser Frage auf folgendem Wege nach: Nach den Bestimmungen der Physiker (s. *Landolt-Börnsteins* Tabellen 1912) beträgt bei freier Gasdiffusion der Wert des Diffusionskoeffizienten bei 0°, 760 mm Hg für $CO_2 \longleftrightarrow$ Luft 0,14, für $CO_2 \longleftrightarrow O_2$ 0,18. Im Falle des Bodens hätte man es aber mit einer Diffusion von $CO_2 \longleftrightarrow O_2$ durch N_2 hindurch zu tun. Die Diffusion zweier Gase durch ein drittes hindurch ist ebenfalls in der Physik (von *Stefan*) behandelt worden. Auf Grund der dafür aufgestellten Formeln errechnet *Buckingham* für die Diffusion O_2 und CO_2 durch N_2 hindurch, wenn der Gehalt an N_2 79% beträgt, den Diffusionskoeffizienten 0,20. Behindert wird diese freie Diffusion im Boden besonders stark einmal, wenn die Diffusionsräume so kleine Dimensionen annehmen, als der freien Weglänge der Gasmoleküle entspricht. Die mittlere freie Weglänge der Moleküle ist die Entfernung, die 1 Molekül durchschnittlich zurücklegt, bis es durch einen Zusammenstoß mit einem andern Molekül aus seiner geraden Richtung abgelenkt wird. Sind die Zwischenräume nun kleiner als die freie Weglänge, so prallt das Molekül auf seinem Wege anormal häufig gegen Widerstände, so daß sein Zickzackweg sich dadurch verlängert. Die freie Weglänge beträgt aber bei gewöhnlichem Druck für CO_2 0,06 μ, für O_2 0,1 μ, für N_2 0,09 μ. *Romell* nimmt nun an, daß bei Einzelkornstruktur und dichter Lagerung die Größenordnung der Hohlräume im Boden wohl ungefähr denen der Bodenpartikel gleichgesetzt werden kann. Nach *Atterbergs* internationalen Bezeichnungen für Bodengerüstteile beträgt die Größe der Tonteilchen 2—0,2 μ, während noch kleinere Partikel als Kolloide bezeichnet werden. Es ist also ohne weiteres anzunehmen, daß mit steigendem Gehalt eines Bodens an diesen Bestandteilen der Diffusionskoeffizient stark verringert werden kann. Versuche von *Fleck* (Jahresber. d. chem. Zentralst. f. öffentl. Gesundheitspflege in Dresden 1873, S. 44) zeigen in der Tat, daß die Diffusion in festem Lehm auf etwa 1/100 normal sinkt. Doch ist der Anteil dieser kleinsten Teilchen in den meisten Böden nicht so übermäßig groß, so daß *Buckingham* und *Hannén* auf Grund ihrer Versuche zu der Überzeugung kommen, daß im allgemeinen mehr als die Korngröße der „Packungsgrad" oder mit *Hannéns* Worten ([8], S. 25) „das Gesamtporenvolumen" (nur das lufterfüllte) die Diffusion beeinflußt, da dadurch die Wege „nicht nur verengert, sondern auch verlängert" werden. Schließlich ist noch zu bedenken, daß die Diffusionskoeffizienten von in Wasser gelösten Gasen nur etwa ein Tausendstel der freien Gasdiffusion erreichen, also praktisch fast 0 werden. So kommt dann *Romell* zu dem Schluß, daß „nasse Böden und kompakte, extrem feinkörnige Böden aus dem Rahmen fallen. Sonst aber kann man, nach allem zu urteilen, innerhalb weitester Grenzen im Boden mit einem ziemlich konstanten Wert des scheinbaren Diffusionskoeffizienten rechnen, und zwar mit einem von $^1/_2$ bis $^1/_3$ des normalen für freie Diffusion", also „etwa 0,05 bis 0,10". Daraus errechnet *Romell* z. B. für die zur Durchlüftung auf 20 cm Tiefe nötige Zeit 20—45 Min., auf 30 cm Tiefe 45—105 Min., wobei er eine Aktivitätsverteilung annimmt, die den von *Waksman* ([34], S. 35/40) gefundenen Bakterienzahlen in den verschiedenen Tiefen parallel geht. „*Diffusion*", schreibt er, „*muß deshalb als der weitaus wichtigste unter den für die Bodenventilation in Frage kommenden Faktoren angesehen werden, ja für Waldböden dürfte man mit Sicherheit behaupten können, daß er der einzige ist, der ernstlich in Betracht kommt.*"

B. Die Einwirkung des meteorologischen Tagesablaufs auf die Produktion von Kohlensäure im Ackerboden und ihre Diffusion in die Atmosphäre.

Um eine Vorstellung über die Beziehungen des CO_2-Gehaltes der Bodenluft zur CO_2-Ausatmung des Bodens zu gewinnen, mit dem Endzweck, die Variationen dieser Vorgänge und ihre Ursachen auf landwirtschaftlich genutzten Flächen in ihrer evtl. praktischen Bedeutung zu erkennen, war es nötig, möglichst viele Messungen in möglichst kurzen Zwischenräumen zu machen. So wurde hin und wieder der meteorologische Tagesablauf als variierender Faktor benutzt und lediglich seine Einwirkung auf den CO_2-Gehalt der Bodenluft und die CO_2-Ausatmung des Bodens beobachtet. Die Ergebnisse sind auf Abb. 5 und 6 graphisch dargestellt.

Die Kurven vom 12./13. VII. zeigen das klarste Bild. Der CO_2-Gehalt des Bodens steigt und fällt vollkommen gleichsinnig mit der CO_2-Ausatmung des Bodens, woraus die hier herrschende Gesetzmäßigkeit der Diffusion besonders deutlich wird. Fast ebenso gesetzmäßig verlaufen die Kurven vom 12./13. IX., während diejenige vom 13./14. VI. nur noch eine Übereinstimmung im Maximum und vom 22./23. VIII. so etwas wie eine Phasenverschiebung zeigt, in der die Bodenatmung den zeitlichen Vorsprung hat. Schließlich die Kurve vom 24. VII. fällt ganz aus dem Rahmen.

Wie sind diese Verschiedenheiten zu erklären? *Russel* und *Appleyard*, *Dönhoff*, *Lundegårdh* und *Reinau* stellen mehr oder minder deutlich und häufig eine Abhängigkeit des CO_2-Gehaltes der Bodenluft bzw. der CO_2-Ausatmung des Bodens von den herrschenden Temperaturen fest. Im vorliegenden Falle wurde die Temperatur der freien Luft (unbeschattet in 1 m Höhe) und die des Bodens in 20 cm Tiefe gemessen. Die Kurve der atmosphärischen Temperatur ist in den ersten drei Tagesverläufen derjenigen der Bodenatmung zugeordnet, die der Bodentemperatur der Bodenluftkurve. Später, wenn sich Bodenluft- und Atmungskurve skalagemäß nähern, haben die Temperaturen gemeinsamen Index (22./23. VIII. und 12./13. IX). *Dönhoff* hatte die Temperatur ebenfalls im Boden, jedoch nur 3 cm tief gemessen, und es fallen bei ihm Maximum und Minimum von Bodentemperatur und Bodenatmung in seinen Tagesverläufen stets zusammen. Die Kurve der Bodentemperatur in 3 cm Tiefe dürfte wohl zeitlich kaum länger als eine Stunde der Temperaturkurve der freien Luft nachhinken; jedenfalls liegt bei ihm das Maximum zwischen 14 und 16 Uhr, während die Lufttemperatur in den vorliegenden Tagesläufen ihr Maximum zwischen 13 und 15 Uhr

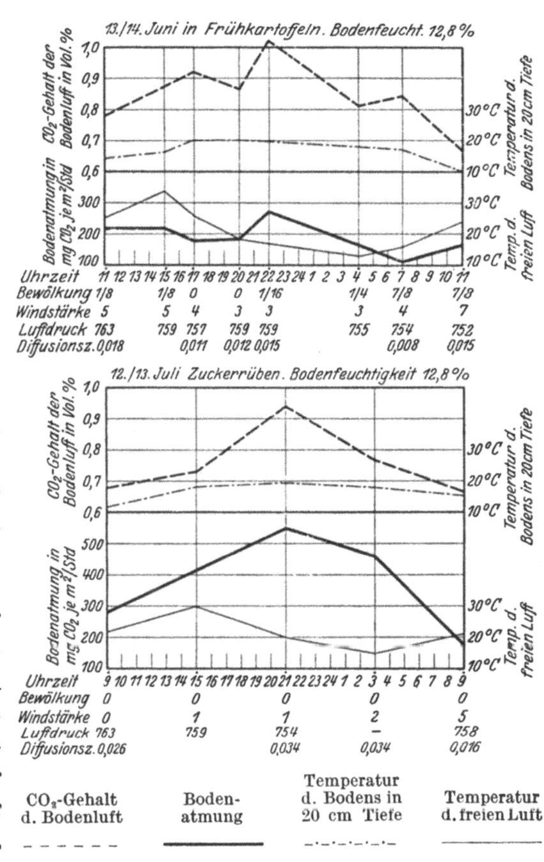

CO₂-Gehalt d. Bodenluft	Bodenatmung	Temperatur d. Bodens in 20 cm Tiefe	Temperatur d. freien Luft
– – – – –	————	–·–·–·–·–	————

Abb. 5.

hat (Ausnahme: siehe am 24. VII. — 11 Uhr). Es liegt also schon ein durchgehender Unterschied in den gemessenen Tagesläufen *Dönhoffs* und den vorliegenden darin, daß das Maximum der Bodenatmung statt, wie nach *Dönhoff* zu erwarten, um 14 bis 16 Uhr regelmäßig erst um 21

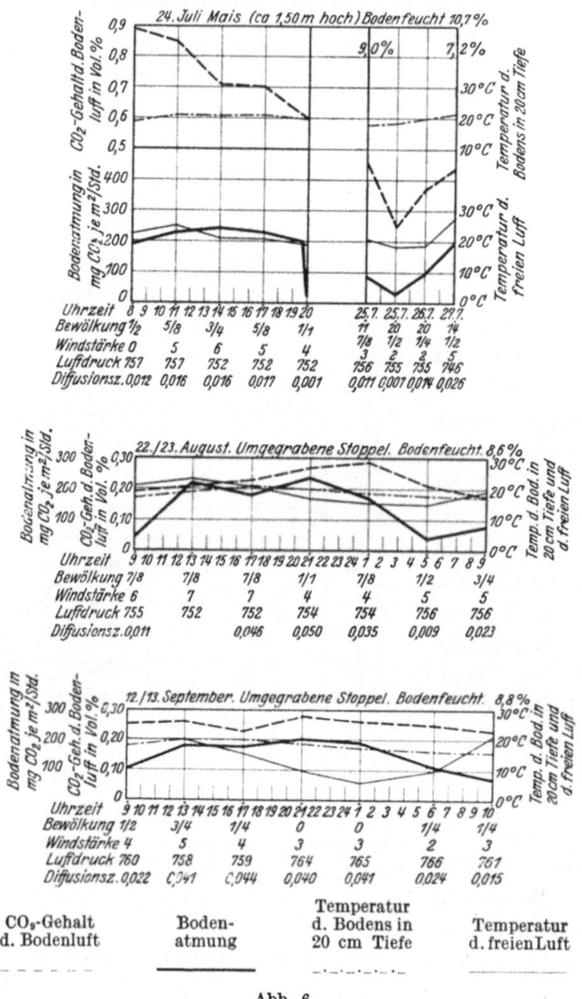

CO₂-Gehalt　　Boden-　　Temperatur　　Temperatur
d. Bodenluft　　atmung　　d. Bodens in　　d. freien Luft
　　　　　　　　　　　　　20 cm Tiefe

Abb. 6.

bis 22 Uhr auftritt, und zwar fast genau mit dem Temperaturmaximum in 20 cm Tiefe zusammenfallend. Bevor wir diese Unstimmigkeit zu erklären suchen, sei kurz erwähnt, worauf denn überhaupt die häufig beobachtete Korrelation zwischen CO_2-Produktion des Bodens und seiner Temperatur zurückgeführt wird. Ganz allgemein nehmen die Forscher eine durch erhöhte Temperatur angeregte und verstärkte mikrobiologische Tätigkeit an. Tatsächlich beschleunigen ja die kleinen Lebewesen ihre Lebensprozesse ähnlich wie manche rein chemische Umsetzungen mit zunehmender Temperaturerhöhung. Wenn man nun die Bodenatmung als eine Folge der Diffusion ansieht, könnte man auch von hier aus einen Einfluß erwarten. Die Diffusion wird aber bei einer Temperatursteigerung von $0°$ auf $10°$ um $3{,}7\%$, bei einer Steigerung von $10°$ auf $20°$ um $3{,}5\%$ Masseneinheiten bzw. Druckeinheiten lebhafter. Das bedeutet also, daß bei erhöhter Temperatur mehr Kohlendioxyd abfließen kann, wie wir es ja auch beobachten. Dann müßte aber der CO_2-Gehalt der Bodenluft abnehmen. Doch in Wirklichkeit nimmt er zu; und sogar das Maximum der Bodenatmung am 22. VIII. (s. Abb. 6) wird nicht deswegen erreicht, weil nun eine Erschöpfung des CO_2-Vorrates eingetreten ist, sondern dieser ist noch im Steigen begriffen. Es muß also tatsächlich eine erhöhte CO_2-Bildung im Boden die Gesetze der Diffusion bei erhöhter Temperatur verdecken. Diese scheint aber bei den vorliegenden Messungen nicht nur oberflächlich erhöht worden zu sein, denn wir sehen ja das Maximum des CO_2-Gehaltes in 20 cm Tiefe immer sehr dicht beim Maximum der Temperatur in 20 cm Tiefe liegen. Damit kommen wir auf den Unterschied zwischen den von *Dönhoff* und vom Verf. gemessenen Tagesverläufen. Zunächst hatte *Dönhoff* ([3], S. 19—21) zu seinen Dauerversuchen (28. V. bis 4. VI. 1926) einen „immer gut feuchten" Boden, da in der Zeit vom 22. bis 26. V. 1926 34 mm und vom 28. V. bis 3. VI. nochmals 7 mm Regen gefallen waren. Für die Messungen 1928 ist der Wassergehalt angegeben. Er ist mit 12,8 Gewichtsprozenten (Abb. 5) schon nicht hoch, nähert sich aber mit 8,6 und 8,8 % (Abb. 6) den unteren Extremen. Trockner Boden besitzt eine höhere Leitfähigkeit für Wärme als nasser Boden und das Hinausschieben des Maximums der Bodenatmung von 14—16 Uhr bei *Dönhoff* auf 21—22 Uhr bei den Untersuchungen des Verf. läßt sich nur damit erklären, daß die Temperaturen 1928 intensiver und nach der

Tabelle 2.

Meteorologischer Vergleich der Versuchstage Dönhoffs und des Verfassers.

Datum		Temperaturamplitude		Sonnenscheinstunden	Bewölkungsgrad		
		1 m über den Erdboden im Schatten	auf der Erdoberfläche (freies Feld)		13 h	17 h	21 h
1926	28. V.	$10{,}5°$	$22{,}0°$	7,1	0	$^1/_1$	Regen
Dönhoff	2. bis 3. VI.	$12{,}9°$	$27{,}6°$	11,1	$^1/_4$	0	0
	4. VI.	$6{,}2°$	$11{,}7°$	1,7	$^1/_1$	$^1/_2$	$^3/_4$
1928	13. bis 14. VI.	$11{,}9°$	$23{,}7°$	11,4	$^1/_8$	0	0
Verfasser	12. bis 13. VII.	$13{,}1°$	$22{,}6°$	13,8	0	0	0
	22. bis 23. VIII.	$13{,}1°$	$28{,}2°$	6,0	$^7/_8$	$^7/_8$	$^1/_1$
	12. bis 13. IX.	$11{,}8°$	$23{,}7°$	8,3	$^3/_4$	$^1/_4$	0

Uhrzeit tagsüber länger auf den Boden gewirkt haben, infolgedessen auch tiefer eingedrungen sind. Zur Erhärtung dieser Wahrscheinlichkeit möge noch ein meteorologischer Vergleich der Versuchstage *Dönhoffs* und des Verf. dienen (s. Tab. 2). Die aufgeführten Daten sind den Aufzeichnungen der landwirtschaftlichen Wetterwarte des Versuchsfeldes als einer neutralen Stelle entnommen. — Die Temperaturen und Sonnenscheinstunden liegen durchschnittlich 1928 höher, nur der 2. VI. 1926 erreicht das Niveau von 1928. Tatsächlich hält sich der von *Dönhoff* ([3], S. 20, Taf. 4) an diesem Tage gemessene Bodenatmungswert bis etwa 18 Uhr 30 Min. auf achtbarer Höhe und sinkt dann erst endgültig ab. Noch günstiger zeigt sich der Bewölkungsgrad 1928. Die Bewölkung am 22. VIII. 1928 muß aus einem sehr hoch liegenden Cirrusschleier bestanden haben, sonst wäre die außerordentlich hohe, von der Wetterwarte gemessene Temperaturamplitude nicht denkbar. Am 2. VI. 1926 hat die leichte Bewölkung von 11—13 Uhr bestanden. Die Temperatureinwirkung hat sich also nicht auf den Nachmittag konzentriert, sondern wurde unterbrochen.

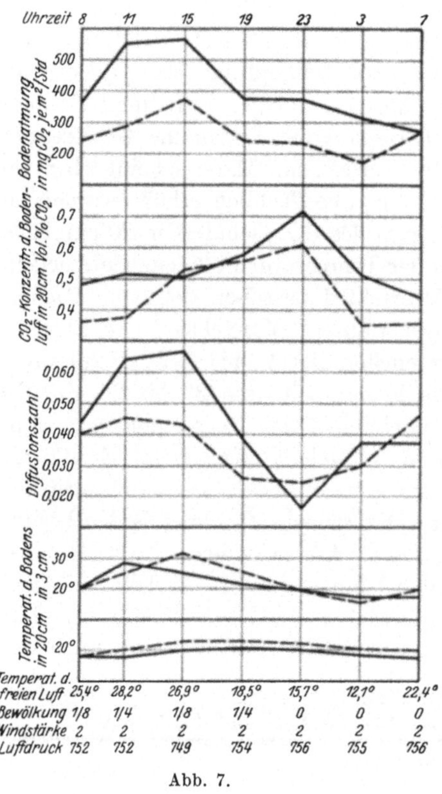

Abb. 7.

Die Ergebnisse der Tagesverläufe von 1928 zeigen so konsequent im Gegensatz zu *Dönhoff* das Maximum der Bodenatmung erst in den Abendstunden, daß nunmehr versucht werden sollte, Tagesverläufe auf zwei Parallelen zugleich zu messen, die möglichst verschieden hinsichtlich ihrer Intensität und Schnelligkeit der Wärmeaufnahme und -abgabe sein sollten. Dann mußte sich an ein und demselben Tage ein Maximum zu verschiedenen Zeiten nachweisen lassen, wenn der Gegensatz zu *Dönhoff* richtig erklärt war. Diese Versuche wurden am 26./27.V. und am 19./20. VI. 1929 gemacht. Am 26./27. V. (s. Abb. 7) wurde in einem Wintergerstenbestand gemessen, der bereits geschosst hatte, aber den Boden nicht sehr vollständig beschattete. Mit „Brache" ist ein Streifen bezeichnet, auf dem die Pflanzen wenige Tage vorher mit dem Spaten 10—15 cm tief ausgehoben waren. Der gesuchte Unterschied trat nicht zutage: Die Bodenatmungskurven sowohl wie die Temperaturkurven laufen sehr parallel. Außerdem verlief der Tag auch insofern

nicht normal, als die freie Luft ihr Temperaturmaximum schon um 11 Uhr erreichte und sich nachmittags sehr früh und stark abkühlte. Beide Kurven der Bodenatmung zeigen also genau einen Verlauf, wie ihn *Dönhoff* 1926 gemessen hat. — Am 19./20. VI. 1929 wurde eine Haferparzelle mit Brache verglichen (s. Abb. 8). Die Brache war ein unbestelltes Stück Land, das Ende April mit dem Spaten umgegraben und glatt geharkt war und seitdem unberührt lag. Der Hafer, im Begriff zu schossen, war wenige Tage vorher gut durchgehackt und zeigte eine im landwirtschaftlichen Sinne ausgezeichnete Struktur. — An diesem Tage verlaufen die beiden Bodenatmungskurven völlig verschieden: Während das Maximum in der Brache um 19 Uhr gemessen wurde, trat es beim Hafer erst um 3 Uhr am nächsten Morgen auf.

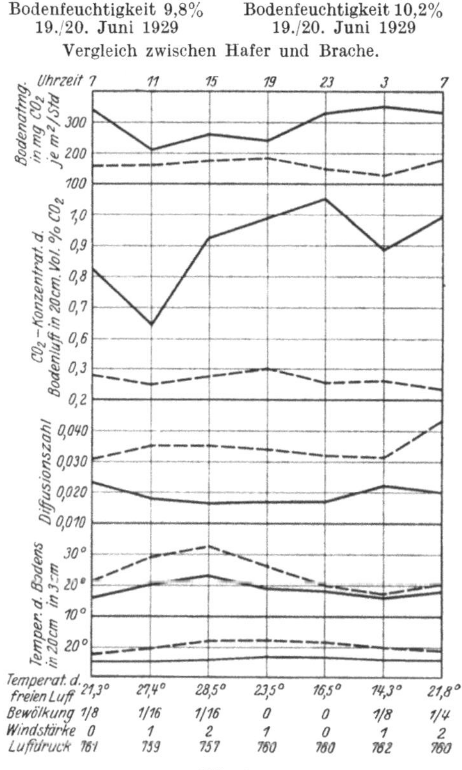

Abb. 8.

Betrachten wir uns die dazugehörigen Temperaturkurven, so fällt zunächst auf, daß hier die Maxima in 3 wie in 20 cm Tiefe zeitlich zusammenfallen. Ein Unterschied besteht aber in der Amplitude: Die Brache erwärmt sich stark, kühlt aber auch wieder stark ab. Dagegen erwärmt sich die Haferparzelle sehr langsam und sehr wenig, ihre absolute Temperatur nimmt aber in der Nacht kaum wieder ab. — Die Kurve der CO_2-Konzentration der Bodenluft ist ebenfalls interessant: Auf der Brache liegen Maximum der Atmung und der CO_2-Konzentration zusammen; beim Hafer hat die CO_2-Konzentration ihr Maximum um 23 Uhr erreicht, die Atmung erst um 3 Uhr, d. h. die noch gering gesteigerte Atmung zeigt das Abfließen des Kohlendioxyds durch die starke Hackschicht, ist nicht alleinige Folge der augenblicklichen Produktion.

Damit dürfte also *Dönhoffs* Satz „von der weisen Sparsamkeit der Natur", die den „Gasstrom abdrosselt", wenn die Pflanzen ihn nicht mehr verwerten können, eine Einschränkung erfahren müssen, insofern als doch eine Verschwendung stattfindet, wenn nämlich der Boden die größte Wärmemenge erst in der zweiten Tageshälfte, besonders gegen Abend, aufnimmt. Diese Berichtigung ist deshalb von Interesse, weil *Reinau* ([25], S. 313) in seiner zusammenfassenden Arbeit „Bodenatmung und Fruchtbarkeit" die Dönhoffschen Tageskurven „als charakteristische" ansieht, die seine Erwartungen über die Ökonomik des CO_2-Haushalts der Natur überträfen. Denn *Reinau* selbst hat in dem Artikel „Woher stammen die deutschen Ernten?" ([21]) folgenden Tagesverlauf der Bodenatmung veröffentlicht (s. Tab. 3):

Tabelle 3.
Tagesverlauf der Bodenatmung, gemessen von Reinau in einem Haferfeld.

Uhrzeit	Bodenatmung	Lufttemperatur
20 Uhr 15 Min.	0,446 g CO_2 je qm/st	17,5°
22 Uhr 50 Min.	0,346 g CO_2 je qm/st	15,0 °
3 Uhr 8 Min.	0,227 g CO_2 je qm/st	14,0°
13 Uhr 50 Min.	0,178 g CO_2 je qm/st	21,0°
15 Uhr 38 Min.	0,124 g CO_2 je qm/st	21,0%
17 Uhr	0,161 g CO_2 je qm/st	20,0°

Eine Seite vorher schreibt er auch: „Nachts aber ist nach dem Stande unserer Kenntnisse der Lebensvorgänge von den Bakterien anzunehmen, daß sie in der Erzeugung von Kohlensäure nicht aussetzen."

Nachdem nunmehr u. a. durch den Vergleich mit den Dönhoffschen Tageskurven dargelegt ist, daß die CO_2-Bildung im Boden und damit der CO_2-Gehalt der Bodenluft und die Bodenatmung in hohem Maße von der Höhe der Temperatur und der Zeit ihrer Einwirkung abhängig sind, ist noch eine Besprechung der vom Verf. gemessenen Tagesverläufe und ihrer scheinbaren Unregelmäßigkeiten notwendig. — Nebenbei sei kurz erwähnt, daß eine Korrelation zwischen Luftdruck und CO_2-Gehalt der Bodenluft aus den ersten beiden Kurven herausgelesen werden könnte, aus den übrigen drei jedoch nicht. Eine einheitliche Beziehung zwischen Windstärke und CO_2-Gehalt zeigt sich nicht. — Wenn man wieder von der eindeutigsten Kurve (12./13. VII, Abb. 5) ausgehen will, so ergibt sich hier das einfache Bild, daß CO_2-Gehalt der Bodenluft und Bodenatmung genau gleichsinnig der Kurve der Bodentemperatur verlaufen. Der durchweg wolkenlose Himmel und die verhältnismäßig ruhige Luft läßt diesen Tag so fehlerlos ablaufen. Die Gesamttätigkeit des Bodens ist auch regsam genug, um einen kräftigen Ausschlag zu geben. Die Kurven vom 13./14. VI. beginnen mit einem Widerspruch: Während der CO_2-Gehalt der Bodenluft etwas zögernd ansteigt, wird die Bodenatmung zunächst etwas geringer, bis sie, von 17—20 Uhr ihren Stand behauptend, dann doch mit dem CO_2-Gehalt der Bodenluft steigt. Die Erklärung hierfür kann nur folgendermaßen lauten: Der in der obersten Schicht sehr lockere und trockene Boden zeigt schon im ganzen eine sehr geringe CO_2-Produktion, was die niedrigen Atmungswerte besagen. Diese träge Aktivität sitzt aber auch verhältnismäßig tief unter der grobgekrümelten, ausgetrockneten Hackschicht (das Kartoffelbeet war bereits am 21. V. mit der Handhacke gehackt und angehäufelt. Nach der Frostnacht wurde die Arbeit gleich am Morgen des 2. VI. gründlich wiederholt, um die noch lebenden Stengelreste in der Erde etwas zu vergraben und vor weiterem Frostschaden zu schützen. Da aber kein weiterer Frost eintrat, wurden diese feuchten Erdklumpen trockenhart). Wir sehen deswegen zunächst morgens infolge der sehr kräftig ansteigenden Temperatur (um rund 20°) eine vermehrte Diffusion, der aber bald der Nachschub fehlt, so daß sie wieder absinkt. Dann erst tritt durch die Erwärmung die Aktivierung der CO_2-bildenden Prozesse ein, die Atmung wird sogar noch gesteigert zu einem Zeitpunkt, an dem die obere Schicht schon wieder abgekühlt ist. Am nächsten Morgen wiederholt sich der Vorgang. — In der Zuckerrübenparzelle dürfte am 12./13. VII. die Aktivitätsverteilung etwa dem entsprechen, was *Romell* annimmt, d. h. schon an der Oberfläche beginnen, zumal diese Parzelle seit dem Verziehen am 2. VI. nicht mehr gehackt, sondern nur gejätet worden war. Infolgedessen besaß sie keine Hackschicht, sondern war bis oben hin feucht. — Die Messungen vom 24. VII. (s. Abb. 6) sind in einem etwa 1,50 m hohen, gut geschlossenen Maisbestande gemacht. Es war ein schwüler, bedeckter Tag mit einem auffallend geringen Temperaturausschlag (6°). Die Bodentemperatur konnte mit Rücksicht auf den harten Boden nur auf 10 cm Tiefe gemessen werden, da jede Bohrung sich sofort mit dem Staube der sehr kräftigen Mulchschicht füllte. Der Temperaturausschlag auf 10 cm beträgt nur 2°, dürfte also auf 20 cm praktisch 0 gewesen sein. Wir sehen infolgedessen überhaupt keine vermehrte CO_2-Bildung, sondern höchstens eine etwas verstärkte Diffusion, verbunden mit abnehmendem CO_2-Gehalt der Bodenluft. Dieser Tagesverlauf gleicht in der Bodenatmung den Dönhoffschen. Daß dies als eine Folge geringer Wärmeaufnahme des Bodens aufzufassen ist, war schon eingehend (S. 494 ff.) besprochen. — Interessant ist der plötzliche Abfall der Bodenatmung auf fast Null. Zweifellos ist er ganz momentan unter der Einwirkung des ziemlich heftigen Regens erfolgt, der in dem Augenblick einsetzte, als Verf. um 20 Uhr seine Gerätschaften gerade wieder in das Maisfeld getragen hatte.

Infolgedessen ist auch eine Einwirkung des Regens auf den CO_2-Gehalt der Bodenluft noch nicht zu erkennen. Der Versuch wurde nach diesen Messungen abgebrochen und an den folgenden Daten lediglich die Einwirkung des Regens verfolgt, wovon jedoch erst in einem späteren Abschnitt die Rede sein wird. —

Die beiden letzten Kurven vom 22./23. VIII. und 12./13. IX. auf Taf. 6 unterscheiden sich in zwei Punkten wesentlich von den drei vorhergehenden Tagesläufen: 1. durch eine sehr verringerte CO_2-Produktion; 2. durch einen höheren Luftgehalt des Bodens, dessen Einfluß *Hannén* bereits 1892 experimentell nachwies. Um letztere Tatsache auch graphisch kenntlich zu machen, wurde den beiden Kurven der CO_2-Konzentration der Bodenluft und der Bodenatmung in allen Darstellungen eine gemeinsame Skala gegeben, d. h.

0,100 Vol.-% CO_2 in der Bodenluft würden entsprechen 0,100 g CO_2 je qm/St Bodenatmung,

0,200 Vol.-° CO_2 in der Bodenluft würden entsprechen 0,200 g CO_2 je qm/St Bodenatmung,

0,300 Vol.-% CO_2 in der Bodenluft würden entsprechen 0,300 g CO_2 je qm/St Bodenatmung usf.

Durch diese Anordnung soll das gegenseitige relative Abstandhalten der beiden Größen zum Ausdruck kommen. Wenn also in diesen beiden letzten Tagesverläufen die Kurven des Bodenluftgehaltes und der Bodenatmung sich einander nähern, so ist das ein Zeichen dafür, daß entweder der Diffusion ein geringer Widerstand entgegensteht, mit anderen Worten, die relative Diffusionsgeschwindigkeit groß ist oder nur eine geringe CO_2-Produktion statt hat. Im vorliegenden Falle ist beides eingetreten. Es wird der Gegenstand späterer Überlegungen sein, diese beiden Faktoren gegeneinander abzugrenzen, doch zunächst zurück zu dem Verlauf des Tageskurven: Am 22./23. VIII. eilt die Kurve der Bodenatmung derjenigen der CO_2-Konzentration der Bodenluft voraus. Der Boden war 8 Tage vorher mit dem Spaten rund 10—15 cm tief umgegraben und dann oberflächlich glatt geharkt, lag also noch sehr locker und hatte ein geringes Leitvermögen. Es ist also nicht verwunderlich, wenn erst die Bodenatmung steigt und fällt und etwas später die CO_2-Konzentration der Bodenluft in 20 cm Tiefe. Es wird durch die Temperatur erst die oberste aktive Zone aktiviert, die aber noch einen sehr geringen Diffusionswiderstand hat und infolgedessen die CO_2-Konzentration der darunter liegenden Schicht nicht merklich beeinflußt. Diese steigt erst, nachdem die Temperatur auch hier ihre Wirkung tut. Am 12./13. IX. hat der Boden wieder „Schluß", so daß diese Phasenverschiebung nicht mehr in Erscheinung tritt.

Mit dieser letzten Bemerkung über den „Schluß", das „Sich-Setzen" des Bodens ist schon das im vorhergehenden Kapitel kurz angedeutete

Gebiet der Beeinflussuug der freien Diffusion durch den Boden berührt: *Strukturunterschiede, also Verdichtungen bzw. Auflockerungen, Verminderung bzw. Vermehrung des Luftgehaltes (unter Umständen durch Änderung des Wassergehaltes bedingt) müssen sich zahlenmäßig im Diffusionskoeffizienten ausdrücken*, also durch den Faktor, der bestimmt, welche Mengen bei einem gegebenen Gefälle (Entfernung zweier verschiedener Konzentrationen) durch die Querschnitteinheit in der Zeiteinheit gefördert wird. Der Einfluß der Struktur eines Bodens durch seinen Luftgehalt, Packungsgrad, Wassergehalt usw. auf den Diffusionskoeffizienten ist experimentell schon von *Hannén* ([8]) und später von *Buckingham* (Contributions to our knowledge of the aeration of soils. 1904. U. S. Dep. Acric. Bureau of Soils Bull. 25) studiert und seine hohe Bedeutung erkannt worden. Jedoch arbeitete *Hannén* mit künstlichen Böden (gesiebte Sortimente genau definierter Korngröße und deren Mischungen) und mit einem abnehmenden Diffusionsgefälle, indem er ein Gefäß reiner CO_2 unter eine Bodensäule hing und durch diese hindurch den Austausch mit der Atmosphäre sich vollziehen ließ. Folglich nahm das Gefälle stetig ab, während doch im natürlichen Boden im Dauerzustand, wie er S. 487 ff. näher besprochen ist, sich Diffusion und Produktion das Gleichgewicht halten, praktisch also das Gefälle konstant ist. *Buckingham*, der natürliche Böden untersuchte, zerstörte ihre natürliche Lagerung und Feuchtigkeit und setzte statt ihrer künstlich hervorgebrachte Zustände. Erst *Romell* ([28]) studierte Böden in natürlicher Lagerung und berücksichtigt außerdem bei der Berechnung des Diffusionskoeffizienten auch die Aktivitätsverteilung im Boden. Diese setzt er in genaue Parallele zu den Keimzahlkurven nach *Waksmann*, die dieser in einem reichen Gartenboden, in einer Obstplantage, in einem Wiesenboden und in einem sauren Waldboden findet. Diese Kurven sehen sich sämtlich sehr ähnlich, d. h. sie haben ihr Maximum an der Oberfläche und fallen dann rasch ab, so daß rund 80—90 % aller Keime in der Schicht über 25—30 cm Tiefe liegen und der Rest sich bis auf eine Tiefe von 1 m und darüber verteilt. Aus der Ähnlichkeit dieser Kurven schließt *Romell*, daß ein Mittel dieser Kurven ungefähr auf alle Verhältnisse in natürlichen Böden paßt. Diese Romellsche Kurve der „Aktivitätsverteilung nach *Waksmann*" hat einen prinzipiellen Fehler, auf den *Lundegårdh* ([15], S. 20) aufmerksam macht: Die Bakteriologen geben ihre Keimzahlen je Gramm Erde, nicht je Kubikzentimeter Erde an. Die Verdichtung des Bodens mit der Tiefe ist aber so groß, daß, je Volumen Erde gerechnet, die größte Aktivität tatsächlich durchschnittlich erst zwischen 10—20 cm Tiefe liegt. — Schließlich ist es ja nach *Löhnis* auch überhaupt gewagt, Keimzahl gleich Aktivität zu setzen, denn er sagt z. B. ([13], S. 337): „Irgendwelcher Zusammenhang zwischen Zahl und Leistung ist kaum erkennbar." Zu der im Augenblick besonders interessierenden Frage sagt er speziell ([13], S. 83/84, Ausgabe 1913): „Am größten ist die Zahl der Bodenbewohner in den oberen Erdschichten, abgesehen von der alleroberosten, leicht abtrocknenden Zone... In sehr feuchten Lagen werden die obersten, in viel unter Trockenheit leidenden Gebieten die tieferen Schichten aufgesucht." In allen landwirtschaftlichen Gegenden, in denen der Ackerbau zu Hause ist, werden wir also einen großen Teil des Sommers hindurch eine ausgetrocknete oberste Schicht finden, sei sie pulvrige Hackschicht oder harte Kruste. *Die Aktivitätsverteilung nach Romell rückt also unter diesen Verhältnissen einige Zentimeter in die Tiefe, was höhere Konzentrationen in gegebener Tiefe bzw. einen niedrigeren Diffusionskoeffizienten ergibt.*

Der Diffusionskoeffizient K kann berechnet werden nach der Formel

$$K = \frac{v}{n \cdot p_+},\text{ wobei bedeutet:}$$

$v =$ die Beförderungsgeschwindigkeit an der Oberfläche in Kubikzentimeter CO_2 je Quadratzentimeter Porenquerschnitt/sek. bei Atmosphärendruck, umzurechnen aus den Werten der Bodenatmung.

$n = 0,083$, die von *Romell* errechnete Konstante für eine Tiefe von 20 cm und eine Aktivitätsverteilung, die den Waksmannschen Keimzahlkurven entspricht.

$p_+ =$ die gemessene CO_2-Konzentration der Bodenluft in 20 cm Tiefe.

Um nun die Unterschiede der Struktur durch den Diffusionskoeffizienten zu erfassen, muß für alle Strukturen ein gleicher Porenquerschnitt angenommen werden. Es hat dann *der* Boden mehr Luftgehalt, der einen höheren Diffusionskoeffizienten aufweist. Die Summe der lufterfüllten Porenquerschnitte, kurz „der Porenquerschnitt", wurde für die vorliegenden Rechnungen mit 30% angenommen, womit das tatsächlich herrschende Mittel zwischen 0 und 20 cm Tiefe mit möglichster Annäherung getroffen werden sollte. Als Anhaltspunkt für diese Annahme von 30% dienten Untersuchungen des „natürlichen Luftgehaltes", die auf unmittelbar benachbarten und fast gleich behandelten Parzellen ebenfalls im Sommer 1928 ausgeführt waren und von denen später noch die Rede sein wird.

Wenn man den Diffusionskoeffizienten dazu benutzt, um ein Medium, in unserem Falle den Boden, hinsichtlich des Maßes seiner Behinderung der freien Diffusion durch eine Zahl zu charakterisieren, so ist diese Zahl kein Charakteristikum der Gase mehr, wie es der „Diffusionskoeffizient" im Sinne der Physik ist. *Lundegårdh* ([16], S. 157) führt deshalb, um Verwechslung zu vermeiden, den Namen „*Diffusionszahl*" ein, der nun auch hier weiterhin gebraucht sei. — Doch dürfte es fehlerhaft sein, mit *Lundegårdh* ([16], S. 160) anzunehmen, daß der höchstmögliche Wert der der Diffusionszahl bei 50% Luftgehalt des Bodens *deshalb* 0,09 betragen muß, weil das die Hälfte des Diffusionskoeffizienten bei freiem Gasraum (0,18) ist. Die Diffusionszahl im Boden wird nicht durch den *verringerten Luftraum* bestimmt, sondern durch den *verlängerten Luftweg*, d. h. durch das verringerte Gefälle.

(Zur Veranschaulichung dessen diene folgender Vergleich: Ein einzelner Mensch geht in höchster Eile durch die Straßen und Plätze einer verkehrlosen Stadt, die nicht so symmetrisch aufgebaut ist wie eine des amerikanischen Kontinents, sondern so unregelmäßig und zufällig, wie es die langsame Entwicklung in Europa zuwege bringt. Der Mensch sucht auf dem kürzesten Wege diametral von einem Ende zum entgegengesetzten Ende der Stadt zu gelangen und geht schräg über alle Ecken, Straßen und Plätze. Plötzlich schiebt ein Riese sämtliche Häuserviertel so eng zusammen, daß alle Avenuen, Boulevards und Marktplätze nur noch etwa 2 m breit bleiben. Der Mensch hat nun zwar noch Platz genug zum Laufen, trotzdem verlängert sich sein Weg, wenn er, nach Luftlinie gerechnet, die gleiche Strecke zurücklegen soll, weil er nun keine Abkürzungsmöglichkeiten mehr hat.)

Nach *Lundegårdh* wäre aus der Diffusionszahl der Luftgehalt nach

der Formel: $\text{Luftgehalt} = \dfrac{\text{Diffusionskoeffizient}}{\text{Diffusionszahl}}$ zu errechnen.

Praktisch gibt die Diffusionszahl ein sehr gutes Bild vom Luftgehalt des Bodens, läßt sich jedoch nicht so einfach umrechnen.

Die den Tagesläufen auf Abb. 5 und 6 hinzugefügten Diffusionszahlen bestätigen nun deutlich das Gesagte über die Strukturverschiedenheiten, denn sie erreichen

am 13. bis 14. Juni den Höchstwert 0,018
am 12. bis 13. Juli den Höchstwert 0,034
am 24. Juli den Höchstwert 0,017
am 22. bis 23. August den Höchstwert 0,050
am 12. bis 13. Sept. den Höchstwert 0,044

Die Zahl 0,034 vom 12./13. VII. (Abb. 5) bestätigt auch die geäußerte Anschauung, daß die Aktivität in der Zuckerrübenparzelle damals bis unmittelbar an die Oberfläche heranreichte, was nach den Überlegungen auf S. 491 die Diffusionszahl erhöhen muß, weil ein großer Teil der Gesamtproduktion an CO_2 sehr starkes Gefälle hat. — Die Diffusionszahl 0,001, die am 24. VII. 20 Uhr (Abb. 6) auftritt, zeigt deutlich, daß in diesem Augenblick durch den aufschlagenden Regen die Diffusion stark gehemmt ist, würde aber irreführend sein, wenn man daraus Schlüsse auf den Luftgehalt zwischen 1 und 20 cm Tiefe ziehen wollte! — Die Diffusionszahl zeigt aber ebenfalls einen typischen Tagesverlauf, der nur am 13./14. VI. (Abb. 5) undeutlich ist. Morgens zwischen 5 und 10 Uhr tritt regelmäßig ein Minimum auf, während über Tage bis in den Abend hinein sich stets höhere Zahlen zeigen. Das ist ein Zeichen dafür, daß die oberen Schichten durch die Temperatur aktiviert werden, während die tieferen Schichten in ziemlich gleichmäßigem Produktionstempo verharren. Eine Behinderung der Diffusion durch Tau, wie sie *Dönhoff* (³, S. 18) annimmt, läßt sich aus diesen Zahlen nicht nachweisen, da die minimale Diffusionszahl am Morgen auch ohne Taubildung auftritt.

Zusammenfassend ist über die Beziehung von CO_2-Konzentration der Bodenluft zur Bodenatmung im Tagesverlauf zu sagen, daß die Temperatureinwirkungen ausschlaggebend sind. Durch erhöhte Temperatur wird die CO_2-Produktion des Bodens gefördert. Diese Förderung beginnt in den obersten aktiven Schichten und setzt sich langsam in die Tiefe fort, bei starker Wärmeeinstrahlung auch dann noch, wenn die oberen Schichten sich bereits wieder abkühlen. Je intensiver die Wärmeaufnahme eines Bodens bei Tage ist, desto weiter entfernt sich das Maximum von CO_2-Konzentration der Bodenluft und Bodenatmung vom Temperaturmaximum der atmosphärischen Luft, und zwar kann die Verschiebung des Maximums der Kohlensäureproduktion des Bodens bis nach Sonnenuntergang geschehen. Die Pflanzen würden also diese reichliche CO_2-Zufuhr ihres Standortes nur ausnutzen können, wenn die austretenden CO_2-Mengen in den unteren Luftschichten, d. h. in unmittelbarer Umgebung der Assimilationsorgane bis zum nächsten Morgen verbleiben. Die Beantwortung dieser Frage liegt jedoch außerhalb des dieser Arbeit gesteckten Zieles. Das Minimum der Diffusionszahl am Morgen könnte auch als bejahende Antwort auf diese Frage gedeutet werden, indem ein stark verringertes Gefälle durch Ansammlung von Kohlensäure über dem Boden die niedere Diffusionszahl mit bedingen würde. Doch läßt sich dieser Einfluß mit dem gewonnenen Material nicht quantitativ erfassen.

C. Die Einwirkung des Pflanzenbestandes auf die Produktion von Kohlensäure und ihre Diffusion in die Atmosphäre.

Verschiedener Pflanzenbestand kann auf fünf verschiedene Weisen die CO_2-Produktion des Bodens und ihre Diffusion in die Atmosphäre beeinflussen:

1. Durch unterschiedliche Wurzelatmung;

2. durch unterschiedliche Förderung des Bakterienlebens;

3. durch unterschiedliche Beeinflussung des Wassergehaltes des Bodens;

4. durch unterschiedliche Beeinflussung der Bodenstruktur;

5. durch unterschiedliche Beeinflussung der Temperatur des Bodens (Wassergehalt, Struktur, Beschattung).

Die unterschiedliche Wurzelatmung ist des öfteren Gegenstand eingehender Forschungen gewesen. Besonders stark hat sich *Stoklasa* mit dieser Frage beschäftigt. Nach seinen Laboratoriumsbefunden ([30], S. 14) wurden von 1 g auf Trockensubstanz berechnete Wurzelmasse innerhalb 24 Stunden ausgeatmet von:

Gerste	70,5 mg CO_2	Kartoffeln . . .	82,3 mg CO_2
Weizen. . . .	74,6 mg CO_2	Rüben	130,6 mg CO_2
Roggen . . .	110,8 mg CO_2	Rotklee	146,8 mg CO_2
Hafer	118,9 mg CO_2	Luzerne	160,5 mg CO_2

Dönhoff hat bei der Messung der Bodenatmung draußen auf dem Felde folgende Mittelwerte ([3], S. 31/32) gefunden:

<pre>
Erbsen . . . . . . 487,1 mg CO_2 je qm/St
Steinklee . . . . . 459,5 mg CO_2 je qm/St
Sommerroggen . . 365,2 mg CO_2 je qm/St
Hafer . . . . . . 277,0 mg CO_2 je qm/St
</pre>

Die Übereinstimmung mit *Stoklasa* ist nur insofern vorhanden, als die Leguminosen den Cerealien überlegen sind. Doch erscheint bei *Dönhoff* der Sommerroggen dem Hafer überlegen in der CO_2-Produktion, was wohl auf die getroffenen Bodentemperaturen unter dem Pflanzenbestand zurückzuführen ist, die im Mittel betragen bei:

<pre>
Sommerroggen . . 22,1°   Hafer. . . 17,9°
</pre>

Von erheblicher Bedeutung für die CO_2-Entwicklung des Bodens unter verschiedenem Pflanzenbestand ist zweifellos auch die unterschiedliche Förderung, die das bakterielle Leben im Boden durch die Pflanzen erfährt. Dies kann einmal direkt durch Beschattung, Wasserentzug und Strukturänderung des Bodens durch die Pflanzen geschehen oder indirekt durch die mannigfachen symbiotischen Verhältnisse, die Bakterien und Pflanzenwurzeln miteinander eingehen. Besonders typisch für die verschiedenen Pflanzen sind die Bakterienansammlungen in der Rhizosphäre, dem von *Hiltner* (Arb. der D.L.G. 98 [1904]) geschaffenen Begriff für den Bereich des Bodens, der den spezifischen Einwirkungen der Pflanzenwurzeln unterworfen ist. Für die Anzahl der rhizosphären Bakterien, denen *Stoklasa* ([30], S. 465) auch eine größere Aktivität als den Bodenbakterien zuschreibt, gibt dieser Forscher folgende Durchschnittszahlen ([30], S. 466) für je 1 g Boden für die verschiedenen Feldfrüchte an:

<pre>
Zea-Mais . . . . . . 62 Mill.   Medicago sativa . . . 120 Mill.
Triticum vulgare. . . 49 ,,   Trifolium prat. . . . 98 ,,
Secale cereale . . . . 42 ,,   Trifolium alb. . . . . 82 ,,
Hordeum dist. . . . 51 ,,   Pisum sativum . . . 95 ,,
Avena sativa . . . . 45 ,,   Vicia sativa . . . . 110 ,,
Beta vulgaris . . . . 78 ,,   Polygon. fagop. . . . 63 ,,
Solan. tuber. . . . . 46 ,,
</pre>

Auch nach diesen Zahlen darf man unter Leguminosen die größte CO_2-Produktion erwarten, während Zuckerrüben in der Mitte stehen, zuletzt aber Getreide und Kartoffeln. *Reinau* ([21], S. 182/196) vermutete bereits, daß die Knöllchenbakterien der Leguminosen eine besonders starke Wurzelatmung hervorriefen, da er in Leguminosenfeldern nahe über dem Boden stets einen höheren CO_2-Gehalt in der Atmosphäre fand als über Getreide- und Hackfruchtfeldern. *Dönhoff* ([3], S. 33) wollte den Anteil der Knöllchenbakterien an der Wurzelatmung studieren und verglich zu diesem Zwecke die Bodenatmung im wachsenden Steinkleebestande (Melilotus) mit derjenigen auf 8 Tage alten Stoppeln, die noch nicht wieder ausgeschlagen hatten. Er fand ein Verhältnis von 100 : 73 zu ungunsten der Stoppeln, deren Knöllchen „teilweise schrumpfig" geworden waren, zum Teil „sogar abgestorben schienen". Ob er damit jedoch den Anteil der Knöllchenbakterien an der Atmung wirklich rein erfaßt hat, erscheint zweifelhaft, da anzunehmen ist, daß durch das Mähen auch die Lebenstätigkeit der Wurzeln selbst gestört sein dürfte. *Reinau* hat ähnliche Versuche gemacht ([24], S. 157). Die Frage nach dem Anteil der Wurzeln an der Bodenatmung überhaupt ist von *Lundegårdh* bearbeitet worden. Er kommt durch Vergleich der Bodenatmungswerte von unbewachsenem Boden und einem Haferfelde, sowie durch experimentelle Untersuchungen im Laboratorium zu der Annahme, daß die Wurzelatmung eines bewachsenen Bodens ungefähr ein Drittel der Gesamtbodenatmung beträgt. In Laboratoriumsversuchen *Stoklasas* stellt sich dieses Verhältnis viel krasser dar, denn es wurde folgende CO_2-Produktion innerhalb 24 Stunden je 1 g Trockenmasse von ihm ermittelt:

Getreidewurzeln . . . 63—135 mg	Clostridium gelatinosum . 480 mg
Penicillium glaucum. . . . 130 „	Bacterium Hartlebi . . . 600 „
Aspergillus niger . . . . . 180 „	Azotobacter chroococcum . 1270 „
	Bacillum extorquum . . . 2500 „

Für das landwirtschaftliche Feld berechnen er und *Ernest* jedoch in einem Jahr (200 Tage) eine Produktion von 15000 kg CO_2 je Hektar durch die Mikroorganismen ([30], S. 736), gegenüber 6000 kg CO_2 je Hektar durch die Wurzeln des Sommerweizens ([31]) in einer Vegetationsperiode von 100 Tagen. Diese Zahlen dürften reichlich hoch gegriffen sein, denn sie ergeben für den durchschnittlichen Sommertag eine Bodenatmung von:

$$312 \text{ mg } CO_2 \text{ je qm/St durch die Mikroorganismen}$$
$$+\,250 \text{ mg } CO_2 \text{ je qm/St durch die Sommerweizenwurzeln}$$
$$=562 \text{ mg } CO_2 \text{ je qm/St Gesamtbodenatmung.}$$

Lundegårdh und *Reinau* nehmen als durchschnittliche Bodenatmung 400 mg CO_2 je Quadratmeter/Stunde an, Verf. möchte auf 300 mg schätzen, welche Schätzung möglicherweise zu niedrig liegen kann, da sie unter dem Eindruck der trockenen Witterung des Jahres 1928 entstanden ist. — *Eine scharfe Trennung zwischen den beiden Hauptkomponenten der Bodenatmung unter natürlichem Pflanzenbestande wird wohl stets schwierig zu erfassen bleiben.* Wahrscheinlich handelt es sich hier auch um eine Art Metabiose, deren einzelne Teilnehmer nicht auf alle, das Wohlergehen der höheren Pflanzen unter ihnen beeinflussenden Faktoren gleichmäßig stark positiv oder negativ reagieren. Doch dürfte der Faktor Wasser für alle von entscheidender Bedeutung sein. *Dönhoff* ([3], S. 31/32) fand bei seinen Untersuchungen, daß der unbewachsene brache Boden eine 30—220% höhere Bodenatmung aufwies als der Boden unter verschiedenem Pflanzenbestand. Der brache Boden hatte aber auch 30—220% mehr Wassergehalt. Aber auch bei den Arbeiten *Wollnys* und *Russel* und *Appleyards* hat sich kein einheitlicher Ausschlag dahin ergeben, daß der CO_2-Gehalt in bewachsenem Boden größer wäre, was nach ihnen „wohl aus der komplizierten Einwirkung der Pflanzendecke" zu erklären ist.

Es birgt also die Frage nach der Einwirkung verschiedenen Pflanzenbestandes auf die CO_2-Konzentration der Bodenluft und die Bodenatmung noch mancherlei offene Probleme. Deshalb wurden, wie schon in der Einleitung (S. 482) näher ausgeführt, Parzellen mit verschiedenem Pflanzenbestand ohne Düngung angelegt, um auf ihnen die unterschiedlichen Einwirkungen im Laufe der Vegetation zu untersuchen. Die vergleichenden Befunde sind auf Tab. 4a u. b zusammengestellt. Gelegentlich wurden auch in Feldbeständen der Versuchswirtschaft vergleichende Untersuchungen vorgenommen. Diese werden später im Text besprochen werden.

Da wir jetzt wissen, daß die Diffusionsgesetze die notwendige Abfuhr des im Boden entstehenden Kohlendioxyd laufend regeln, kann man im allgemeinen sagen, *daß die Bodenatmung uns einen Maßstab für die Höhe der CO_2-Produktion gibt*. Die Bodenatmung ist jedoch großen täglichen Schwankungen unterlegen, die vor allem auf Temperatureinwirkungen beruhen. Diese Temperatureinwirkungen erreichen aber je nach dem Pflanzenbestande unterschiedliche Effekte. Wenn man sich also über die CO_2-Produktion verschiedener Pflanzenbestände an Hand der Bodenatmung ein Bild machen will, muß die Untersuchung mindestens einmal zu einer anderen Tageszeit wiederholt werden, um Zufallsergebnisse als solche zu erkennen. In dieser Weise ging Verf. vor, wobei gelegentlich erst weitere Wiederholungen ein sicheres Urteil zuließen.

Vergleicht man die gewonnenen Zahlen auf Tab. 4a u. b lediglich nach der Höhe der Bodenatmungswerte der verschiedenen Pflanzenbestände, so kann zunächst (19. bis 26. VI.) kein sicherer Unterschied zwischen Kartoffeln, Hafer und Gerste (Tab. 4a) gewonnen werden. Ein Unterschied in der Kohlensäureproduktion zeigt sich jedoch deutlich zwischen Gerste und Erbsen, denn letztere sind stark überlegen. Sie übertreffen auch die Zuckerrüben (Tab. 4b), die wiederum eine deutliche Mehrproduktion zeigen als das unbestellte Land. Um nun zu einer Rangordnung nach der CO_2-Produktion zu gelangen, wurden nochmals (28. VI. bis 4. VII.) Kartoffeln und Erbsen verglichen, wobei letztere wieder eine deutliche Überlegenheit zeigen, sodann (5./6. VII) Hafer und Brache, deren Vergleich nur schwach zugunsten der Frucht ausfällt. Die Zuckerrüben zeigen (7. bis 11. VII.) erheblich höhere Bodenatmung als Hafer und dürften als überlegen zu betrachten sein, obwohl

Tabelle 4a. *Bodenatmung und CO_2-Konzentration im Verlaufe*

Tag	Uhr-zeit	Kartoffeln					Hafer				
		I	II	III	IV	V	I	II	III	IV	V
19. VI.	9—10	13,8°	14,0%	201	0,480 —	0,024	13,3°	9,9%	233	0,387 ± 0,046	0,034
20. VI.	15—16	14,4°	14,3%	185	0,762 ± 0,027	0,013	13,6°	8,8%	153	0,431 ± 0,039	0,020
22. VI.	9—10	(Kraut berührt sich *in* der Reihe)					12,3°	9,2%	134	0,463 ± 0,018	0,016
	15—16	—	—	—	—	—	13,0°	9,2%	324	0,419 ± 0,022	0,044
23. VI.	11—12	(2 Stunden vorher 2 mm Regen)					(Zeigt die ersten Rispen)				
25. VI.	10—11	—	—	—	—	—	—	—	—	—	—
	17—18	—	—	—	—	—	—	—	—	—	—
26. VI.	13—14	—	—	—	—	—	—	—	—	—	—
		(Kraut beginnt sich *zwischen* der Reihe zu schließen)								—	—
28. VI.	9—10	15,0°	10,1%	171	0,415 ± 0,054	0,024	—	—	—	—	—
29. VI.	13—14	15,7°	10,1%	272	0,491 ± 0,036	0,032	—	—	—	—	—
4. VII.	13—15	18,7°	12,8%	188	0,864 ± 0,112	0,012	(In d. Nacht vorher 15,2 mm Gewitterr.)				
	19—20	17,5°	12,8%	141	0,816 —	0,010	—	—	—	—	—
5. VII.	13—15	(Krautbestand annähernd geschlossen)					17,3°	10,2%	216	0,429 ± 0,016	0,029
6. VII.	9—10	—	—	—	—	—	16,1°	11,5%	206	0,438 ± 0,037	0,027
	14—15	—	—	—	—	—	17,4°	11,5%	250	0,367 ± 0,012	0,039
7. VII.	13—15	(Abends vorher 14,2 mm Gewitterregen)					16,0°	15,7%	358	0,525 —	0,039
9. VII.	9—11	—	—	—	—	—	14,2°	13,0%	248	0,524 ± 0,024	0,027
10. VII.	14—16	(Vormittags 3,5 mm Regen)					15,9°	18,2%	225	0,536 —	0,024
11. VII.	13—14	—	—	—	—	—	15,9°	10,5%	209	0,425 ± 0,024	0,028
		(Kraut beginnt abzusterben, Knollen reif)					—	—	—	—	
27. VII.	16—18	25,3°	6,6%	147	0,433 ± 0,007	0,019	23,0°	5,5%	139	0,320 ± 0,032	0,025
30. VII.	16—18	19,2°	6,6%	69	0,324 ± 0,026	0,012	19,3°	5,5%	144	0,254 ± 0,016	0,032
31. VII.	16—18	—	—	—	—	—	(Gelbreif)	—		—	—
1. VIII.	16—18	—	—	—	—	—	—	—	—	—	—
3. VIII.	9—11	(30 Stunden vorher 10,6 mm Regen)					—	—	—	—	—
4. VIII.	9—11	—	—	—	—	—	—	—	—	—	—
6. VIII.	14—17	(Inzwischen 4,6 mm Regen)					—	—	—	—	
8. VIII.	8—11	(Inzwischen Hafer-, Gerste- u. Erbsenparzelle abgemäht)									
9. VIII.	14—17	—	—	—	—	—	—	—	—	—	—
11. VIII.	8—11	—	—	—	—	—	—	—	—	—	—

I = Bodentemperatur in 20 cm Tiefe.
II = Wassergehalt in Gewichtsprozent des trockenen Bodens.
III = Bodenatmung in Milligramm CO_2 je qm/St.

das Bild durch die Wirkung der Regenfälle etwas undeutlich ist. Bis zum 11. VII. kann man also nach der Höhe der CO_2-Produktion folgendermaßen ordnen:

1. Erbsen;
2. Zuckerrüben;
3. Kartoffeln, Hafer, Gerste;
4. Unbestellt.

Diese Reihenfolge entspricht den Anschauungen und Ergebnissen *Stoklasas* und *Dönhoffs* cum grano salis, in dem feinere Unterschiede *er Vegetation 1928 unter verschiedenem Pflanzenbestand.*

Gerste					Erbsen				
I	II	III	IV	V	I	II	III	IV	V
—	—	—	—	—	—	—	—	—	—
		(Ähren aus der Hose)			—	—	—	—	—
11,9°	12,0%	129	0,439 ± 0,027	0,017	—	—	—	—	—
12,9°	12,0%	286	0,448 ± 0,037	0,036			(in Blüte)		
15,8°	11,2%	164	0,583 ± 0,024	0,016	15,0°	11,2%	219	0,683 ± 0,020	0,018
15,2°	10,5%	160	0,418 ± 0,028	0,022	14,3°	9,4%	265	0,550 ± 0,038	0,027
—	—	—	—	—	14,9°	9,7%	264	0,543 ± 0,069	0,028
—	—	—	—	—	16,6°	9,7%	245	0,618 ± 0,064	0,023
—	—	—	—	—	—	—	—	—	—
—	—	—	—	—	—	—	—	—	—
—	—	—	—	—	14,5°	10,0%	256	0,434 ± 0,016	0,034
—	—	—	—	—	15,5°	10,0%	—	0,430 ± 0,026	—
—	—	—	—	—	17,1°	11,2%	253	0,834 —	0,017
—	—	—	—	—	16,5°	11,2%	183	0,848 —	0,012
—	—	—	—	—			(Die ersten Schoten ausgebildet)		
—	—	—	—	—	—	—	—	—	—
—	—	—	—	—	—	—	—	—	—
—	—	—	—	—	—	—	—	—	—
—	—	—	—	—	—	—	—	—	—
—	—	—	—	—	—	—	—	—	—
			(Gelbreif)		—	—	—	—	—
22,8°	8,8%	200	0,394 ± 0,028	0,029	—	—	—	—	—
20,9°	7,8%	124	0,382 ± 0,027	0,019	—	—	—	—	—
—	—	—	—	—	23,2°	6,4%	124	0,280 ± 0,014	0,025
—	—	—	—	—	20,2°	7,3%	125	0,235 ± 0,012	0,030
14,8°	11,7%	188	0,412 ± 0,031	0,026				(Reif)	
16,1°	11,7%	141	0,281 ± 0,008	0,029	—	—	—	—	—
16,1°	11,8%	213	0,488 —	0,027	—	—	—	—	—
17,2°	10,6%	233	0,380 ± 0,006	0,035	—	—	—	—	—
19,3°	10,4%	195	0,324 ± 0,053	0,034	—	—	—	—	—
16,5°	9,6%	195	0,326 ± 0,016	0,034	—	—	—	—	—

IV = CO_2-Konzentration der Bodenluft in 20 cm Tiefe in Vol.-% ± m.
V = Diffusionszahl (angenommen 30% Luftgehalt).

nicht zutage treten. Im Widerspruch zu *Dönhoff* steht allerdings die Bracheparzelle nicht an erster, sondern an letzter Stelle. —

Die Versuche wurden am 27. VII. wieder aufgenommen, da die Dürre den Boden der Feldbestände inzwischen sehr verhärtet hatte und nur noch die Versuchsparzellen, die durch einen höheren Grundwasserstand begünstigt waren, das Eindringen mit den Instrumenten zuließen. Jetzt zeigt sich plötzlich ein völlig verändertes Bild: Das ganze Niveau der Kohlensäureproduktion ist erheblich gesunken und scheint noch rapide weiter zu sinken. Am 27. und 30. VII. zeigt sich wieder kein Unterschied

Tabelle 4b. *Bodenatmung und CO_2-Konzentration der Bode...*

Tag	Uhrzeit	I	II	III
				Zucke... Blätter berühre...
25. VI.	17—18	18,6°	13,1%	199
26. VI.	13—14	15,9°	13,1%	160
	20—21	—	11,7%	278
27. VI.	13—14	17,6°	11,7%	192
		—	—	—
5. VII.	13—15	—	—	—
6. VII.	9—10	—	—	—
	14—15	—	—	—
7. VII.	13—15 (Abends vorher 14,2 mm Gewitter-	16,4°	16,0%	500
9. VII.	9—11 regen)	14,6°	14,1%	158
10. VII.	14—16 (Vormittags 3,5 mm Regen)	16,2°	13,0%	221
11. VII.	13—14	17,3°	12,8%	313
31. VII.	16—18	20,1°	6,2%	97
1. VIII.	16—18	19,8°	7,3%	122
3. VIII.	9—11 (30 Stunden vorher 10,6 mm Regen)	15,5°	9,7%	167
4. VIII.	9—11	15,4°	9,7%	170
6. VIII.	14—17 (Inzwischen 4/6 mm Regen)	15,9°	10,5%	168
8. VIII.	8—11	16,4°	8,8%	272
9. VIII.	14—17	17,5°	8,0%	184
11. VIII.	8—11	16,0°	8,4%	121
		—	—	—
21. IX.	9—11	13,4°	8,2%	78
22. IX.	13—15	13,2°	7,6%	72
24. IX.	15—17	11,4°	6,5%	74
25. IX.	16—18 (In der Nacht vorher 7,7 mm Regen)	11,1°	9,4%	120
27. IX.	16—18	10,0°	7,7%	99
29. IX.	10—12 (In der Nacht vorher 1,4 mm Regen)	10,4°	7,9%	122
1. X.	15—17 (Inzwischen 8,6 mm Regen)	8,1°	9,9%	58
3. X.	13—15 (Tags zuvor 2 mm Regen)	8,6°	15,0%	109
5. X.	9—12	7,0°	11,8%	98
8. X.	9—11 (Tags zuvor 0,8 mm Regen)	10,4°	9,8%	101
13. X.	14—16 (Inzwischen 11,2 mm Regen)	7,8°	14,8%	75
30. X.	9—11 (Inzwischen 15,7 mm Regen)	9,1°	14,2%	90

I = Bodentemperatur in 20 cm Tiefe.
II = Wassergehalt in Gewichtsprozent des trockenen Bodens.
III = Bodenatmung in Milligramm CO_2 je qm/St.

zwischen Kartoffeln, Hafer und Gerste (Tab. 4a). Am 31. VII. und
1. VIII. wurden Erbsen, Zuckerrüben und Brache verglichen: Die Produktion scheint noch etwas weiter gesunken und zeigt ebenfalls keinen
Unterschied mehr, sondern eher eine geringe Überlegenheit des unbestellten Bodens. Damit bestätigt sich die Vermutung *Dönhoffs,* daß
eine Überlegenheit der Brache an CO_2-Produktion auf ihrem höheren
Feuchtigkeitsgehalt beruhen könne. Sie hat in der Tat noch einen leid-

ft unter Zuckerrüben und Brache im Sommer 1928.

IV	V	I	II	III	IV	V
ben ch in der Reihe				Unbestellt		
$0{,}413 \pm 0{,}015$	0,027	—	—	—	—	—
$0{,}423 \pm 0{,}009$	0,022	—	—	—	—	—
$0{,}498 \pm 0{,}023$	0,032	15,1°	15,1%	178	$0{,}326 \pm 0{,}012$	0,031
$0{,}507$ —	0,022	18,2°	15,1%	148	$0{,}275 \pm 0{,}030$	0,031
—	—	—	—	—	—	—
—	—	18,8°	15,3%	224	$0{,}412 \pm 0{,}033$	0,031
—	—	17,7°	17,5%	117	$0{,}287 + 0{,}014$	0,023
—	—	19,1°	17,5%	246	$0{,}321 \pm 0{,}020$	0,044
$1{,}095 \pm 0{,}000$	0,026	—	—	—	—	—
$0{,}611 \pm 0{,}017$	0,015	—	—	—	—	—
$0{,}684$ —	0,018	—	—	—	—	—
$0{,}690 \pm 0{,}005$	0,026	—	—	—	—	—
$0{,}343$ —	0,016	23,4°	12,0%	137	$0{,}319 \pm 0{,}036$	0,024
$0{,}316 \pm 0{,}026$	0,022	22,8 °	10,3%	129	$0{,}444$ —	0,017
$0{,}357 \pm 0{,}035$	0,027	16,1°	13,7%	172	$0{,}257 \pm 0{,}015$	0,038
$0{,}294 \pm 0{,}012$	0,033	17,3°	13,7%	91	$0{,}243 \pm 0{,}014$	0,021
$0{,}334 \pm 0{,}008$	0,029	16,6°	11,6%	138	$0{,}205$ —	0,038
$0{,}434 \pm 0{,}033$	0,036	17,2°	11,9%	237	$0{,}226 \pm 0{,}027$	0,060
$0{,}504 \pm 0{,}036$	0,021	20,3°	11,3%	154	$0{,}263 \pm 0{,}019$	0,033
$0{,}392 \pm 0{,}012$	0,018	16,9°	11,9%	2	$0{,}185 \pm 0{,}020$	0,001
—	—			(Umgegraben)		
$0{,}333 \pm 0{,}011$	0,013	13,7°	10,2%	130	$0{,}261$ —	0,028
$0{,}209 \pm 0{,}011$	0,020	13,7°	8,8%	84	$0{,}197 \pm 0{,}029$	0,024
$0{,}288 \pm 0{,}011$	0,015	12,4°	9,0%	110	$0{,}167 \pm 0{,}011$	0,038
$0{,}236 \pm 0{,}041$	0,029	12,3°	11,9%	146	$0{,}161 \pm 0{,}007$	0,052
$0{,}239 \pm 0{,}016$	0,024	11,1°	11,7%	97	$0{,}161 \pm 0{,}010$	0,034
$0{,}219 \pm 0{,}004$	0,032	10,5°	11,9%	129	$0{,}133 \pm 0{,}012$	0,055
$0{,}133 \pm 0{,}004$	0,025	8,5°	14,0%	140	$0{,}131 \pm 0{,}005$	0,061
$0{,}298 \pm 0{,}030$	0,021	9,3°	13,9%	100	$0{,}198 \pm 0{,}013$	0,029
$0{,}229 \pm 0{,}006$	0,024	6,6°	14,2%	64	$0{,}112 \pm 0{,}007$	0,033
$0{,}248 \pm 0{,}010$	0,023	10,0°	13,1%	93	$0{,}188 \pm 0{,}006$	0,028
$0{,}249$ —	0,017	7,6°	16,1%	83	$0{,}222 \pm 0{,}020$	0,021
$0{,}290 \pm 0{,}010$	0,018	8,3°	14,4%	63	$0{,}163 \pm 0{,}012$	0,022

IV = CO_2-Konzentration der Bodenluft in 20 cm Tiefe in Vol.-% $\pm$ m.
V = Diffusionszahl (angenommen 30% Luftgehalt).

lichen Wassergehalt (10,3—12 Gew.-%), während die Trockenheit unter
den Pflanzenbeständen schon sehr extrem geworden ist (5,5—8,8 Gew.-%).
Am nächsten Morgen fiel 10,5 mm Regen, dem noch 2 mm zwei Tage
darauf folgten. Schon am 3. VIII. zeigt sich die Gersteparzelle mit
rund 175 mg der Brache mit rund 115 mg Bodenatmung überlegen,
am 4. VIII. auch die Zuckerrüben (168 mg). Und nun zeigt sich weiterhin ein lehrreiches Spiel zwischen Zuckerrüben und Brache (Tab. 4b),

da die Trockenheit von neuem Fortschritte macht: *sobald der Wasser-gehalt bei den Zuckerrüben etwa 8 Gew.-% unterschreitet, vermögen sie in der CO_2-Produktion der Brache nicht mehr gleichzukommen.* Erst als Anfang Oktober Regenfälle einsetzen und der Feuchtigkeitsgehalt bei Zuckerrüben die 8—8,2% wieder übersteigt, entsteht ein Ausgleich dadurch, daß bei den Zuckerrüben die CO_2-Produktion ihr Niveau einigermaßen hält, während es in der Brache langsam auf den etwa gleich-niederen Stand absinkt. Es paßt das Gesagte nicht auf jede Messung, da erstens die Bodenatmungswerte täglich großen Schwankungen unterlegen sind und man keine Handhabe hat, einen durchschnittlichen Wert zu erfassen (der frühe Morgen wird jedenfalls in der Regel Unter-durchschnittswerte liefern), zweitens die Zuckerrüben jedes dargereichte Quantum Regenwasser begierig aufnehmen und der Wassergehalt in 20 cm Tiefe hier sehr stark und schnell wechselt. *Viel deutlicher zeigt sich diese Grenze der normalen CO_2-Produktion mit dem Umschlagspunkt 8—8,2 Gew.-% Feuchtigkeit im Juni und Juli, so daß von ihr für den vorliegenden Boden mit Sicherheit gesprochen werden kann.* Bis zum 11. VII., bis zu welchem Datum sämtliche Parzellen mit Pflanzenbestand mehr Kohlensäure produzieren als die Bracheparzelle, bleibt der Feuchtigkeits-gehalt stets über dieser Grenze. Als vom 27. VII. bis 1. VIII. alle Par-zellen mit Pflanzenbestand unter sich gleich, der Bracheparzelle jedoch um eine Kleinigkeit unterlegen in der CO_2-Produktion erscheinen, ist die Grenze unterschritten. Schließlich als am 3. bzw. 4. VIII. die CO_2-Produktion in Gerste und Zuckerrüben sich wieder über die der Brache-parzelle erhebt, liegt auch der Wassergehalt wieder über dieser Grenze.

Aus den *Dönhoff*schen Zahlen geht diese Grenze nicht hervor. Außer beim Steinklee mit 5,86 Gew.-% Feuchtigkeit liegen die Mittelwerte beim Pflanzenbestand zwischen 10,06 und 11,38% gegenüber 13,59% auf der Brache. Die auf ihren Wassergehalt untersuchte Schicht liegt bei *Dönhoff* zwischen 5 und 15 cm Tiefe, beim Verf. zwischen 15 und 25 cm. Das Jahr 1926 war für Halle verhältnismäßig regenreich, 1928 dagegen sehr trocken, wie folgende Niederschlagstabelle aus den beiden Jahren 1926 und 1928 zeigt.

Die Regenmengen des „regenreichen" Jahres werden also auch nicht immer in größere Tiefen dringen, sondern schon in der obersten Schicht größtenteils verbraucht werden. Nach *Blohm* dringen auf dem Hallenser Versuchsfeldboden 10 mm Regen durchschnittlich 10 cm tief ein, eine Angabe, die naturgemäß stark mit der Struktur des Bodens und seiner maximalen Wasserführung variiert werden muß. Es ist also nicht aus-geschlossen, daß *Dönhoff* in 15—25 cm Tiefe 2—3 Gew.-% weniger ge-funden hätte, da seine diesbezüglichen Messungen am 26. VI., 16./17. und 23. VII. 1926 stattfanden, also stets im größeren Abstand von den ausgiebigeren Regenfällen.

Monat	Gesamtregenmenge in mm		Anzahl d. Tage mit über 10 mm Regenhöhe		Anzahl d. Tage, an den. überhaupt Regen gemessen wurde	
	1926	1928	1926	1928	1926	1928
Januar	50,6	16,6	2	0	20	14
Februar	37,1	18,8	1	0	10	11
März	40,9	26,3	0	1	17	8
April	10,0	48,7	0	1	8	13
Mai	47,1	32,6	1	0	15	12
Juni	103,7	30,7	4 (1.—15. VI.)	1	19	14
Juli	97,7	53,7	3 (5.—9. VII.)	2	14	11
August	42,2	35,6	0	0	14	12
September.	24,9	12,2	1	0	8	3
Oktober.	79,6	36,9	1	0	21	12
November	31,6	66,4	1	1	10	19
Dezember	19,5	35,8	0	0	18	14
Summe	584,9	414,3				

Daß für die Lebenstätigkeit von Bakterien und Wurzeln wie für alles Leben das Wasser eine unerläßliche Vorbedingung ist, ist seit langem bekannt. Doch selten hat man sich mit dem Minimum beschäftigt, das normale Lebensäußerungen zur Voraussetzung hat. Für das Pflanzenleben ist bekannt, daß das hygroskopische Wasser des Bodens nicht mehr zur Verfügung steht. Außerdem existieren Versuche von *Mitscherlich* (*Mitscherlich*, „Bodenkunde", Ausg. 1923, S. 121) über den Wassergehalt des Bodens, bei dem die Pflanzen zu welken beginnen. Das Welken trat bei einem Wassergehalt ein, der der dreifachen Menge des hygroskopischen Wassers entsprach. Das hygroskopische Wasser auf dem Hallenser Versuchsfeld beträgt je nach dem Boden 3—4%. Die gefundene Grenze von reichlich 8% für die Störung des Pflanzenlebens liegt also unterhalb des von *Mitscherlich* zu erwartenden. Zwar welkten zu dieser Zeit sichtlich Kartoffeln und Rüben, doch auf den Parzellen, auf denen die besprochenen Messungen vorgenommen wurden, war davon nichts zu sehen. Die Parzellen lagen in einer etwas tiefer gelegenen Ecke des Versuchsfeldes, wo das Grundwasser sich schon auf 70 cm Tiefe bemerkbar machte, so daß also die Wasserversorgung der Pflanzen von hier aus geschehen konnte.

Für das Bakterienleben existieren ein paar Befunde *van Suchtelens* ([33], S. 67/68) aus Untersuchungen mit dem Lehmboden des Göttinger Versuchsfeldes. Er fand als Minimalfeuchtigkeit für CO_2-Bildung überhaupt 4,4%. Bei 6% Feuchtigkeit wurden nur 18—19 mg CO_2 gebildet, bei 7,5% 87 mg, bei 15% Feuchtigkeit 208 mg als höchster gemessener Wert. Diese zwar unter veränderten Bedingungen gewonnenen Laboratoriumsbefunde sind sehr lehrreich. Es ist schade, daß nicht weitere

Zwischenstufen studiert wurden, so daß die Kurve des Faktors Wasser für das bakterielle Leben noch genauer bekannt geworden wäre. Hätte sich beispielsweise herausgestellt, daß eine Steigerung des Wassergehalts über 8—9% oder einen gewichtsmäßigen Anteil freien, nicht hygroskopischen Wassers oder einen bestimmten prozentischen Anteil der Wasserkapazität hinaus keine wesentlich höhere CO_2-Bildung durch die Bakterien mehr zur Folge hat, so hätten wir durch die vorliegenden Untersuchungen unter verschiedenem Pflanzenbestand ein wirkliches Bild über das gegenseitige Verhältnis von Wurzel- und Bakterienatmung im Boden gehabt. Denn da sich zwischen dem 27. VII. und 1. VIII. sowohl die Parzellen mit wie ohne Pflanzenbestand auf annähernd gleicher Höhe der CO_2-Produktion befinden, ist es nicht ausgeschlossen, daß die Steigerung darüber hinaus bei höherer Feuchtigkeit nur der Wurzelatmung zugute zu rechnen ist, vielleicht ausschließlich der Rhizosphärenbakterien. Auch der weiter fortgeführte Vergleich zwischen Brache und Zuckerrüben läßt die Vermutung zu, daß auf dem vorliegenden Boden eine Steigerung des Wassergehaltes über reichlich 8 Gew.-% eine Steigerung der bakteriellen CO_2-Erzeugung nicht mehr hervorruft, da sich die Zuckerrübe in trockenen Tagen immer leicht aus dem Untergrunde versehen konnte.

Die gelegentlich ebenfalls auf der Brache nach Regen höher erscheinenden Bodenatmungswerte sind sehr kurzlebiger Natur und werden in dem Abschnitt über die Regenwirkung noch eingehend besprochen. Diese Erscheinung tritt auch unter Pflanzenbestand auf. Nur ein einziges Mal scheint diese Regenwirkung auszubleiben: am 25. IX. Seit genau einem Monat war der erste Regen, 7,7 mm, gefallen und hatte sich bis zum nächsten Nachmittag, an dem die Messung stattfand, längst „im Sande verlaufen".

Auch Unterschiede in der Struktur werden deutlich. Vergleicht man nämlich die gleichzeitigen Diffusionszahlen in derselben Reihenfolge wie (S. 507ff.) die CO_2-Produktionen verschiedenen Pflanzenbestandes, so hat am 19./20. VI. die Kartoffelparzelle eine niedrigere Diffusionszahl (s. auch die Tagesverläufe) als die Haferparzelle. Die Feuchtigkeitsbestimmungen zeigen schon, daß der Hafer (9,9%) den Wasservorrat ganz anders angegriffen hat als die durch Frostschaden zurückgebliebenen Kartoffeln (14,0%). Er hat also den Boden bedeutend kräftiger durchwurzelt. Die Durchwurzelung schafft, besonders in trockenem Boden, schnell eine gröbere Struktur, indem sie unregelmäßige Spalten und Risse hervorruft, die das gut hergerichtete Saatbeet nicht kennt. Diese gröbere Struktur ist gekennzeichnet durch die „maximale Wasserführung" und den „natürlichen Luftgehalt", gemessen am gewachsenen Boden (in natürlicher Lagerung draußen auf dem Felde, nicht im Laboratorium).

Blohm untersuchte diese Verhältnisse im gleichen Sommer 1928 auf unmittelbar benachbarten Parzellen, die gleiche Bodenqualität hatten und gleiche Bearbeitung erfuhren. Für die freundliche Überlassung seiner Befunde sei an dieser Stelle besonders gedankt. —

Nach *Blohm* zeigten sich folgende Zahlen für den natürlichen Luftgehalt in Volumprozent:

Datum	Gepflügte Brache	Hafer	Gerste	Erbsen	Zuckerrüben
20. VI.	39,3	39,5	—	—	36,4
4. VII.	39,6	—	41,3	34,8	34,5
20. VIII.	33,0	39,0	36,0	37,4	32,6
1. VIII.	18,3	32,1	—	—	24,9

Diese Zahlen gelten für die obersten 10—15 cm der Ackerkrume. Nur am 1. VIII. sind sie im Untergrund, 35 cm tief, gewonnen worden. Hier sind also die Unterschiede noch viel krasser. — Wollen wir also für den obigen Vergleich zwischen Kartoffeln und Hafer die von *Blohm* am 20. VI. in Zuckerrüben gewonnenen Zahlen einmal hinsichtlich Durchwurzelung und Bearbeitungszustand dem Kartoffelland gleichstellen (wobei auch das Feuchtigkeitsverhältnis durchaus ähnlich war), so zeigt sich die Übereinstimmung zwischen Diffusionszahl und natürlichem Luftgehalt. Auch die maximale Wasserführung läßt Schlüsse auf die Bodenstruktur zu. Sie betrug in diesen Tagen nach *Blohm* in Hafer 18,3, in Zuckerrüben 20,3 Gew.-%.

Verfolgen wir den Verlauf der Diffusionszahlen weiter (Tab. 4a Ende Juni), so zeigt sich kein deutlicher Unterschied zwischen Hafer und Gerste. Die Erbsenparzelle ist besser durchlüftet als die beiden Getreideparzellen, außerdem hat sie einen etwas höheren Luftgehalt als die Zuckerrübenparzelle. Diese (Tab. 4b, 26. VI.) wieder unterscheidet sich nur undeutlich von der Bracheparzelle. Auch die Gegenprobe stimmt: Die Diffusionszahl ist (Tab. 4a, 28. VI. bis 4. VII.) unter Erbsen größer als unter Kartoffeln, während Hafer und Brache keinen Unterschied zeigen. Dann aber ist am 7./11. VII. Hafer (0,024—0,039) den Zuckerrüben (0,015—0,026) deutlich überlegen, was nach den Messungen vom 19./26. VI. nicht ohne weiteres zu erwarten war. Daß hier also eine Änderung der gegenseitigen Verhältnisse eingetreten ist, zeigen auch die Messungen *Blohms*. Der Unterschied im Luftgehalt des Bodens in natürlicher Lagerung zwischen Getreide und Zuckerrüben beträgt am 20. VI. 3,1, am 4. VII. jedoch 6,8 Vol.-% zuungunsten der Zuckerrüben. — Ein nochmaliger Vergleich (Tab. 4a) zwischen Kartoffeln, Hafer und Gerste zeigt das alte Bild (27./30. VII.). — Der Unterschied zwischen Erbsen (0,025—0,030) und Zuckerrüben (0,016—0,022) ist am 31. VII. und 1. VIII. ebenfalls vergrößert, während sich Zuckerrüben- und Bracheparzelle in diesen Tagen extremer Trockenheit nicht unterscheiden. Der Regen (10,6 mm), der in der Nacht vom 1. zum 2. VIII. fiel, verwischt bis etwa 7. VIII. alle Unterschiede; dann aber treten sie wieder deutlich hervor, indem die Zuckerrübenparzelle (0,018—0,021) sich schlechter durchlüftet zeigt als die Gersteparzelle (0,035), ja sogar infolge aufgetretener Trockenrisse schlechter als die Brache (die Untergrundmessung *Blohms* vom 1. VIII. bestätigt das. — Seine Messung vom 20. VIII. ist nicht auf umgegrabener Stoppel, sondern noch auf derselben bearbeiteten Brache gemacht), bzw. ab. 14. VIII. unzweifelhaft schlechter als umgegrabene Stoppel. Dieser Zustand bleibt bis zum Ende der Vegetation bei.

Diese Ergebnisse stimmen völlig mit den Untersuchungen *Blohms* überein. Eine Unstimmigkeit besteht nur hinsichtlich der Erbsenparzelle, deren natürlicher Luftgehalt allerdings nur zweimal untersucht wurde und sich danach im umgekehrten Sinne verändert als unter anderen Pflanzenbeständen. Es ist daher wohl möglich, daß sich hier durch den lückigen Aufgang der Erbsen Fehler einschlichen, indem die wenigen, aber sehr üppig lagernden Pflanzen nicht mehr gut die Stellen erkennen ließen, die nicht durchwurzelt waren. — Es ergibt sich also auf Grund der Diffusionszahlen hinsichtlich des Lüftungseffektes verschiedenen Pflanzenbestandes die etwa folgendermaßen absteigende Reihenfolge:

1. Erbsen;
2. Hafer und Gerste;
3. Unbestellt;
4. Kartoffeln und Zuckerrüben.

Die landwirtschaftliche Praxis beweist ihre empirische Kenntnis dieser Reihenfolge dadurch, daß sie sich bei keiner Frucht so um die Struktur des Bodens sorgt und bemüht wie bei den „Hackfrüchten", Kartoffeln und Zuckerrüben, die ohne diesen hohen Arbeitsaufwand nicht gedeihen. Ja, die Praxis macht aus der Not eine Tugend, indem diese Früchte durch die Unkrautfreiheit, die die intensive Bearbeitung gleichzeitig schafft sowie durch die lange Beschattung und andere Umstände mehr trotz der schlechten Durchwurzelung der Krume zu „guten Vorfrüchten" werden.

Der Vollständigkeit halber sind noch einige vergleichende Untersuchungen aus dem feldmäßigen Anbau des Versuchsfeldes mitzuteilen. Am 3. und 4. IX. wurden in möglichst geringer Entfernung (höchstens 30 m) voneinander Mais, Zuckerrüben, Kartoffeln und Steinklee verglichen. Bodenunterschiede dürften daher kaum nennenswert das Resultat über die Höhe der CO_2-Produktion beeinflußt haben können, wohl aber Düngungsunterschiede. Aber die Zeit der Untersuchungen zeigt (Tab. 5) eine vertrocknende Vegetation nach reichlich 8 Tagen seit dem letzten Regen (11,4 mm). Zuckerrüben und Kartoffeln haben sich schon auf ein Minimum an Kohlensäureproduktion eingestellt, obwohl

Tabelle 5.

Datum		Boden-temperatur	Feuchtig-keit	Bodenatm.	Bodenluft	Diff.-Zahl
\multicolumn{7}{c}{Mais (im Abblühen, die ersten Kolben sichtbar)}						
3. IX.	9—12 Uhr	15,3°	7,2	140	0,320 —	0,025
4. IX.	15—18 Uhr	17,3°	6,8	79	0,303 ± 0,026	0,015
\multicolumn{7}{c}{Zuckerrüben (welk)}						
3. IX.	9—12 Uhr	13,5°	10,4	30	0,327 ± 0,003	0,005
4. IX.	15—18 Uhr	15,8°	10,0	82	0,288 ± 0,015	0,016
\multicolumn{7}{c}{Kartoffeln (späte Sorte, welk)}						
3. IX.	9—12 Uhr	14,9°	8,6	70	0,126 ± 0,009	0,023
4. IX.	15—18 Uhr	17,9°	7,6	80	0,146 ± 0,003	0,023
\multicolumn{7}{c}{Steinklee (etwa 1,20 m hoch, sehr üppig, die ersten Kapseln reif)}						
3. IX.	9—12 Uhr	14,6°	8,7	183	0,300 ± 0,018	0,035
4. IX.	15—18 Uhr	14,5°	7,7	84	0,321 ± 0,014	0,015

Erklärung: Bodentemperatur in 20 cm Tiefe.

Feuchtigkeit in Gew.-% des trockenen Bodens.

Bodenatmung in Milligramm CO_2 je qm/St.

Bodenluft: CO_2-Konzentration in 20 cm Tiefe ± m.

Diffusionszahl bei angenommen 30% Summe der Querschnitte der Poren.

die Zuckerrüben noch einen leidlichen Wasservorrat haben. Er ist jedoch oberflächlich vorhanden und das Grundwasser hier wesentlich tiefer als in den Versuchsparzellen. Die Bodenluft in Kartoffeln wurde nur aus 10—12 cm Tiefe aus den geplatzten Dämmen gewonnen, womit sich ihre geringe CO_2-Konzentration und die hohe Diffusionszahl erklären. Mais und Steinklee zeigen ebenfalls sehr geringe Produktion. Daß vor allem der Steinklee bei voller Aktivität weit höhere Werte der Bodenatmung und Bodenluftkonzentration erreicht, zeigt eine Untersuchung vom 19. VII. Zwei Steinkleeparzellen von etwa 10 a Größe lagen etwa 50 m voneinander entfernt und zeigten ganz enorme Unterschiede im Wuchs. Die Bestimmung der Acidität machte diese Unterschiede verständlich, die die gefundenen Zahlen über den Kohlensäureumsatz ebenfalls deutlich zeigen. Es fand sich bei einer Wasserstoffionenkonzentration von:

	p_H 5,2	p_H 6,2
Bodenatmung (in Milligramm CO_2 je qm/St) . . .	183	426
CO_2-Konzentration der Bodenluft (in Vol.-%) ± m	0,945	1,351 ± 0,021
Diffusionszahl	0,011	0,018

Der Boden war derart hart, daß die Stahlsonde und die Atmungsglocken sich stark verbogen und deshalb von einer Wiederholung der Messungen abgesehen wurde. Auch ließen sich weder Temperaturmessungen im Boden machen noch Proben für die Feuchtigkeitsbestimmung erbohren. Wenn auch der Boden oberhalb wohl kaum über 6%

Tabelle 6a. *CO₂-Messungen unt...*

Tag	Uhrzeit	Gerste		
		I	II $\pm$ m	III
8. V.	15—16	161	0,336	0,028
Inzwischen 49,1 mm Regen			Kurz vor dem Schossen	
22. V.	8—9	158	0,297	0,031
23. V.	15—16˙	231	0,361 $\pm$ 0,031	0,037
Inzwischen 3,1 mm Regen			Schossend	
28. V.	15—16	266	0,565 $\pm$ 0,029	0,027
30. V.	14—15	178	0,745 $\pm$ 0,035	0,014
31. V.	14—15	232	0,510	0,026
Inzwischen 5,1 mm Regen				
4. VI.	9—10	135	0,764 $\pm$ 0,126	0,010
Tags vorher 6,4 mm Regen				
5. VI.	9—10	152	0,968 $\pm$ 0,163	0,009
Inzwischen 11,1 mm Regen			Schiebt die Ähren heraus	
7. VI.	8—9	230	0,772 $\pm$ 0,045	0,017
10. VI.	8—9	118	0,832 $\pm$ 0,084	0,008
11. VI.	14—15			
13. VI.	14—15			
Inzwischen 4,3 mm Regen				
17. VI.				
19., 20. VI.				

I = Bodenatmung in Milligramm CO₂ je qm/St.   II = CO₂-Konzentration der Bodenluft i...

Feuchtigkeit hielt, so muß er im Untergrund noch genügend feucht
gewesen sein, denn die Pflanzen waren durchaus frisch. Der Steinklee
auf dem Boden mit der schwächeren Wasserstoffionenkonzentration
zeigt einmal die hohe Leistungsfähigkeit dieser Pflanzengattung hinsichtlich der CO₂-Produktion, wie sie *Dönhoff* schon festgestellt hatte,
andererseits aber auch eine enorme Steigerung der CO₂-Konzentration
der Bodenluft infolge der schlechten Struktur. Der Strukturunterschied
zwischen schlechtem und gutem Steinkleebestand ist ebenfalls deutlich.
Der Kümmerwuchs auf saurem Boden ließ noch die Sonneneinwirkung
auf den Boden zu, während auf dem guten Stück die Beschattung eine
vollständige war (Diffusionszahl).

In der Zeit von Anfang Mai 1929, als die Sommersaaten aufgingen,
bis Mitte Juni wurden neuerlich Resultate auf Parzellen gewonnen,
die an derselben Stelle und in derselben Art wie ein Jahr vorher angelegt waren und wiederum ohne jede Düngung blieben. Die in Tab. 6a
u. b aufgeführten Zahlen zeigen deutlich, wie die einzelnen Pflanzen
sich allmählich über das in der unbestellten Parzelle herrschende Niveau
von rund 150 mg CO₂ je Quadratmeter/Stunde Bodenatmung erheben:
Zunächst die Gerste auf etwa 200—230 mg, der Hafer ganz allmählich
auf 250—300 mg, viel plötzlicher die Erbsen auf 300 mg und darüber.

verschiedenem Pflanzenbestand im Frühjahr 1929.

Unbestellt			Hafer			Erbsen		
I	II ± m	III	I	II ± m	III	I	II ± m	III
159	0,313 ± 0,024	0,029	87	0,340 ± 0,063	0,015			
341								
171	0,328 ± 0,022	0,030	214	0,564 ± 0,014	0,022			
			253	0,684 ± 0,058	0,021	146	0,590 ± 0,029	0,014
						213	0,650 ± 0,121	0,019
			239	0,923 ± 0,054	0,015	530	1,199 ± 0,080	0,026
			148	1,472 ± 0,182	0,006	Kurz vor der Blüte		
			Beginnt zu schossen					
			176	0,796 ± 0,053	0,013	278	1,539 ± 0,078	0,010
			210	1,183 ± 0,152	0,010	314	1,432	0,013
98	0,520 ± 0,080	0,011						
104	0,465　—	0,014	244	0,806　—	0,018			
296	0,446 ± 0,019	0,038						
166	0,275 ± 0,014	0,035	301	0,889 ± 0,083	0,020			

20 cm Tiefe in Vol.-%.　III = Diffusionszahl, berechnet auf 30 % Luftgehalt des Bodens.

Dagegen wachsen viel langsamer die Lupinen, die erst Ende Mai eine merkliche CO_2-Produktion zeigen, welche sich aber bei ihrer üppigen Entwicklung sehr stetig und anhaltend steigert. Mais und Kartoffeln setzen erst Mitte Juni ein, Mais sehr zögernd, Kartoffeln jedoch kräftig, wie auch die Krautentwicklung war. Die letzte Messung vom 17. VI. mit 478 mg ist allerdings noch vom letzten Regen beeinflußt und nicht als Normalwert anzusehen. Das Frühjahr war meist kühl und regnerisch. Es fiel zwar sehr wenig Regen, aber dafür häufig. Der Himmel war meist bedeckt und die Wasserverdunstung des Bodens sehr gering, so daß sogar gänzlich unbearbeitetes und unbestelltes Land in eine gute Gare kam, einen grünen Algenüberzug aufwies und die Lundegårdhschen Glocken wie in Butter einschnitten. Die häufigen Regenfälle dokumentieren sich in den stark schwankenden Bodenatmungswerten und dem gegenüber 1928 größeren mittleren Fehler für die CO_2-Konzentration der Bodenluft. Infolgedessen zeigt sich auch die Diffusionszahl sehr wechselnd. Allerdings wurde dies auch dadurch mitbedingt, daß die Parzellen sehr häufig gehackt wurden, um möglichst viel von den Niederschlägen dem Boden zu erhalten. Bis Mitte Juni sind noch keine deutlichen Beeinflussungen der Struktur durch die Bewurzelung der verschiedenen Feldfrüchte zu erkennen, die ja auch bis dahin noch nicht stark

Tabelle 6b. *CO_2-Messungen unter verschiedenem Pflanzenbestand im Frühjahr 1929.*

Tag	Uhrzeit	Lupinen			Mais			Kartoffeln		
		I	II ± m	III	I	II ± m	III	I	II ± m	III
			10 cm hoch							
31. V.	14—15	204	0,435	0,027						
Inzwischen 11,5 mm Regen										
5. VI.	9—10	135	0,724 ± 0,030	0,010						
Inzwischen 11,1 mm Regen										
7. VI.	8—9	100	0,679 ± 0,064	0,009						
10. VI.	8—9	160	0,781 ± 0,067	0 012		Noch nicht *in* der Reihe ge-schlossen				
			20 cm hoch							
11. VI.	14—15	265	0,866 ± 0,062	0,018	150	0,430 ± 0,062	0,020	173	0,856 ± 0,129	0,012
Tags vorher 2,7 mm Regen										
14. VI.	8—9	146	0,688 ± 0,032	0,012	103	0,403 ± 0,042	0,015	211	0,668 ± 0,065	0,018
Tags vorher 1,6 mm Regen										
			25 cm hoch			10 cm hoch				
17. VI.	13—14	370	0,662 ± 0,028	0,032	246	0,460 ± 0,062	0,031	478	0,773 ± 0,074	0,036

I = Bodenatmung in Milligramm CO_2 je qm/St.

II = CO_2-Konzentration der Bodenluft in 20 cm Tiefe in Vol.-%.

III = Diffusionszahl, berechnet auf 30% Luftgehalt des Bodens.

entwickelt sind. Ganz allgemein ist aber der bessere Feuchtigkeitszustand des Bodens an der gegenüber 1928 höheren CO_2-Konzentration der Bodenluft, die in Hafer und Erbsen des öfteren 1% überschreitet, erkennbar.

Zusammenfassend kann man also über die Einwirkung des Pflanzenbestandes auf die Produktion von Kohlensäure sagen, daß sie erhöht wird, und zwar unterschiedlich je nach der Pflanzengattung. Ohne Zweifel rufen die Leguminosen die höchste CO_2 - Produktion im Boden hervor. Unter ihnen scheint der Steinklee die Erbsen noch weit zu übertreffen. *Den Leguminosen folgen die Zukkerrüben. Die geringste CO_2 - Produktion zeigen Kartoffeln und Getreide,* unter denen ein sicherer Unterschied im trockenen Sommer 1928 nicht festgestellt werden konnte. — *Die Erhöhung der CO_2-Produktion eines Bodens unter Pflanzenbestand hält jedoch nur so lange*

an, als der Boden eine gewisse Feuchtigkeitsgrenze nicht unterschreitet.
Diese lag im vorliegenden Fall bei 8—8,2 Gew.-%, d. h. bei 4—5%
freien, nicht hygroskopischen Wassers oder 30—40% der maximalen
Wasserführung. *Da nur oberhalb dieser Minimalfeuchtigkeit die spezifischen Einwirkungen verschiedenen Pflanzenbestandes auf die Intensität der Oxydationsvorgänge im Boden auftreten, in der Nähe, bzw. unterhalb des Umschlagspunktes die CO_2-Produktion im Pflanzenbestand derjenigen der Brache gleicht, bzw. ihr sogar unterlegen ist, erscheint es nicht
ausgeschlossen, daß alle Steigerung der CO_2-Produktion unter Pflanzenbestand über das Maß der Brache hinaus lediglich der Wurzelatmung und
den in Abhängigkeit von der Rhizosphäre lebenden Bakterien zuzuschreiben
wäre, wie es ja auch ohne weiters von Lundegårdh ([16], S. 207) angenommen worden ist. Die frei im Boden lebenden Bakterien, für deren Tätigkeit uns dann die Bodenatmungswerte der Brache ein Maß wäre, scheinen
demnach bei der Minimalfeuchtigkeit des Pflanzenwachstums annähernd
ihre volle Lebensenergie entfalten zu können, so daß diese also lediglich
durch höhere Feuchtigkeit nicht weiter vermehrt werden könnte.*

*Die Beeinflussung der Bodenstruktur durch verschiedenen Pflanzenbestand, die die Diffusionszahlen angeben, ist eine Folge der mehr oder
minder schnellen und starken Durchwurzelung und Austrocknung der
Oberkrume, die praktisch eine Lüftung, d. h. eine Erhöhung des Luftgehaltes
des Bodens bedeutet. Von diesem Gesichtspunkt aus betrachtet erscheinen
Zuckerrübe und Kartoffel als die ungünstigsten Früchte.* Weit günstiger
stehen die Getreidearten da und am besten die Erbsen, was auf Grund
der frühzeitigen guten Beschattung verständlich wird.

*D. Der Einfluß des Regens auf die Produktion von Kohlensäure im Boden
und ihre Diffusion in die Atmosphäre.*

Hierüber ist schon sehr viel vermutet, berechnet und geschrieben
worden, so daß es zu weit führen würde, alle scheinbaren Widersprüche,
die dabei zutage getreten sind, aufzählen oder gar aufklären zu wollen.
Es wird praktischer sein, sich erst einmal die Einflußmöglichkeiten und
ihre Bedeutung zu überlegen. Man kann die möglichen Wirkungen des
Regens auf den Kohlensäurehaushalt des Bodens einteilen in

1. physikalische;
2. chemische;
3. biologische.

Eine physikalische Wirkung meinten *Ramann* und *Mitscherlich*,
wenn sie „eindringendes Wasser" als durchlüftenden Faktor angaben.
Ramann führt als Grund dafür ([18], Ausg. 1911, S. 287) folgende Beobachtung an: „Gießt man auf trockenen Boden Wasser, so sieht man reich-

lich Gasblasen entweichen." Das ist ein Vorgang, den man draußen in der Natur häufig beobachten kann, während eines Regens oder nachher, wenn die weißlich-grauen Schaumreste dem feuchten Rande eintrocknender Pfützen noch anhaften, ebenso wenn man ein Gartenbeet begießt. Offenbar verdrängt hier eindringendes Wasser Bodenluft, deren Menge volumetrisch der Wassermenge fast gleich sein dürfte. Dieser Vorgang ist also einer zahlenmäßigen Erfassung denkbar zugänglich. *Ramann* sagt auch infolgedessen dazu: „Aus den Räumen, die sich mit Wasser füllen, entweicht die Luft, und beim Absickern des Wassers wird wieder Luft nachgesaugt." Doch dabei ergeben sich schon Komplikationen, die beachtet werden müssen. Während starken Regens werden sich gelegentlich *alle* Räume mit Wasser füllen, beim Absickern jedoch nur die Capillaren mit Wasser gefüllt bleiben. Es wird also die Tiefe wie die Schnelligkeit des Absickerns von der Menge der ungesättigten capillaren Hohlräume abhängen. Die Schnelligkeit wird aber außerdem von der Struktur des Bodens, bzw. auch von seiner Textur, damit von seiner wasserhaltenden Kraft und schließlich von seinem Wassergehalt abhängen. Je lockerer der Boden ist, je größer seine Lufträume sind, desto glatter kann Luft dem eindringenden Wasser nach oben hin ausweichen. Im umgekehrten Falle werden diese Luftblasen „allseitig von Wasser umgeben, jedoch fast unbeweglich werden und dem eindringenden Wasser nur die Bewegung entlang den festen Wänden des Bodens gestatten" ([18], S. 347). Dies Bild weist schon darauf hin, daß zumindest der Luftgehalt der *obersten* Schicht sich bei Regen verringern muß. Das drückt aber die Diffusionszahl herunter, auf welche Folge schon *Hannén* und *Buckingham* auf Grund ihrer Versuche aufmerksam machen. Es kann aber auch soweit kommen, daß das Wasser sämtliche Poren verstopft, die Diffusionszahl praktisch Null wird, da die Diffusion von gelösten Gasen in Wasser etwa tausendmal langsamer geht. Das tritt nach *Hannén* ([8], S. 20) schon bei 80% der maximalen Wasserkapazität ein und müßte zu erheblichen Schädigungen der Pflanzen führen, da die CO_2-Konzentration der Bodenluft sich schon in einer Stunde verdoppeln würde, in 2 Stunden verdreifachen usw. Dieser Gefahr, die praktisch nur für extrem feinkörnige und bindige Böden besteht, die das Wasser schlecht annehmen, so daß es nach starkem Regen stunden- oder auch tagelang über dem Boden ansteht, begegnet *Romell* mit der tröstlichen Vorstellung von der „Pufferwirkung der Tiefenschichten" ([28], S. 331/332). Er sagt dazu u. a.: „Wenn z. B. durch Regen die Poren der Oberfläche vorübergehend zugestopft werden, so werden die aktiven Schichten eine Zeitlang ihren O_2-Bedarf aus den Tiefenschichten decken und die gebildete CO_2 wird in die Tiefe wandern, so daß die Werte für p_- und p_+ lange nicht die Höhe erreichen werden, wie es sonst während der Absperrung der Fall gewesen wäre." Auch diese Pufferwirkung wird sich meist berechnen lassen. Für den Boden, auf dem Verf. seine Versuche anstellte, kommt eine Tiefenschicht von höchstens 70 cm Mächtigkeit mit etwa 10% Luftgehalt in Frage. Darunter stand bereits Grundwasser. Diese Schicht wird also solange genügend O_2 liefern und CO_2 abnehmen können, bis in der ganzen Tiefe gleicher Partialdruck herrscht. — Was das Grundwasser selbst an CO_2 wegnimmt, kann praktisch vernachlässigt werden. Nach den von *Tamm* ([33a] S.234) in Wasserläufen gefundenen CO_2-Mengen berechnet *Romell* ([28], S. 331/333), daß das Wasser jährlich höchstens soviel wegführt, wie in 1—2 Tagen vom Boden an die Atmosphäre abgegeben wird. — Auf eine weitere physikalische Wirkung machen *v. Fodor, Lundegårdh, Reinau* und *Romell* aufmerksam: Das Regenwasser kann sich im Boden je nach der Konzentration der Bodenluft noch weiter mit CO_2 anreichern. Diese Mengen brauchen aber nicht nur der Bodenluft zu entstammen, sondern können auch vorher vom Boden selbst adsorbiert worden sein, worauf *Russel* und *Appleyard* und *Lundegårdh* ([14], S. 143) hinweisen. Zahlen über von verschiedenen Böden adsorbierte Mengen Kohlensäure gibt *Döbrich* ([2a], S. 181) an; sie sind auf Tab. 7 angeführt.

Tabelle 7. *Vom Boden absorbierte Mengen Gas nach Döbrich.*

	100 g Boden gaben ccm Gas	100 ccm Boden gaben ccm Gas	100 Vol. des Gases best. aus Vol. CO_2
Sandmoorboden	19,8	26,3	17,49
Sandboden	30,2	40,2	18,15
Gartenerde	49,8	68,9	39,47
Kalkboden I	37,9	54,7	45,33
Kalkboden II	44,8	68,0	61,03
Tonboden I	27,1	38,6	2,33
Tonboden II	35,5	44,9	20,44

Die chemische Wirkung des Regens hinsichtlich der CO_2-Wirtschaft des Bodens ist längst nicht so vielseitig und kompliziert wie die physikalische. Sie besteht darin, daß der Gehalt des Bodenwassers an löslichen Bicarbonaten sich zu dem Kohlendioxydgehalt der umgebenden Bodenluft in ein bestimmtes Verhältnis bringt. *Schloesing* und *Wiegner* ([35]) haben dieses Verhältnis quantitativ untersucht und kommen zu folgenden gelösten Mengen:

CO_2-Gehalt der Luft Vol.-%	g $CaCo_3$ in 1 Liter Wasser gelöst	
	nach *Schloesing*	nach *Wiegner*
0,00	0,0131	0,0131
0,03	0,0634	0,0627
0,30	0,1334	0,1380
1,00	0,2029	0,2106
10,00	0,4700	0,4689

Es ist also ohne weiteres möglich, bei bekannter CO_2-Konzentration der Bodenluft zu berechnen, wieviel CO_2 durch 1 mm Regen chemisch gelöst wird.

Schließlich wird dem Regen eine *biologische* Wirkung zugeschrieben. Sie ist so allgemein behauptet worden, daß es unmöglich ist auf die einzelnen Stellen in der Literatur einzugehen. Auf Grund ihrer Untersuchungen glauben u. a. folgende Forscher der biologischen Regenwirkung die weitaus größte Bedeutung zuschreiben zu müssen: *Dönhoff, Fehér, v. Fodor, Lundegårdh, Reinau, Romell, van Suchtelen.* Zunächst möchte man annehmen, Wasser könne nur dann biologische Wirkungen hervorrufen, wenn es vorher nicht in genügender Menge vorhanden war, damit die übrigen lebenswichtigen Faktoren in ihrer Wirkungsmöglichkeit ausgenutzt werden konnten. Dem würden die Folgerungen *Russel* und *Appleyards* ([29], S. 22) Rechnung tragen, wenn sie feststellen, daß Regen „does not have nearly so marked an effect as temperature, and it only shows any relationship to the CO_2 during the summer months July to Septembre". Zwei Seiten später bringen diese Autoren noch eine weitere Erklärung für die vermeintliche Anregung der CO_2-Produktion, da ihnen der Feuchtigkeitsbedarf offenbar nicht dringend genug erschien: Der Regen bringt O_2 mit; dieses gibt die biologische Anregung, wird aber schnell wieder verbraucht. Diese Erklärung ist insofern verständlich, als *Russel* und *Appleyard* ja nur die Bodenluft analysierten und fälschlicherweise aus dem CO_2-Gehalt der Bodenluft ohne weiteres auf die CO_2-Produktion schließen. Die CO_2-Konzentration steigt aber bei Befeuchtung des Bodens an sich schon durch Diffusionsbehinderung und sagt diese Steigerung folglich noch nichts über die Produktion aus. Im übrigen sind etwaige Zufuhren biogener Elemente wie das eben angeführte O_2 durch Regen so gering, daß sie gerne vernachlässigt werden können. Eine Verschiebung der Fragestellung ist es, wenn *Reinau* ([14], S. 159) die Regenwirkung durch vorhergehende künstliche Lösung von Nährstoffen im Regenwasser noch weiter erhöht. Hier kommt zu einer Regenwirkung eine Salzwirkung hinzu. Die Summe beider kann aber keinen Begriff über die Wirkungsmöglichkeiten des Regens geben. Ebenso wie etwaige Nährstoffwirkungen müssen Temperaturwirkungen des Regens bei diesen Betrachtungen ausscheiden. So z. B. wenn *Romell* ([28], S. 335) zu den wenigen vorliegenden Resultaten einiger Forscher, daß Regen die Produktion zu erniedrigen scheint, erklärt, das sei nur „einigermaßen verständlich nach einem *kühlen* Regen". — Andererseits müßte es aber dem Regen zugute geschrieben werden, wenn durch ihn neue Nährstoffe in eine biologisch verwertbare Form gebracht würden. Solche Wirkungen müßten *allmählich* nach Regen die CO_2-Produktion steigern und ebenso *allmählich* wieder senken, wenn das Wasser langsam wieder ins Minimum gerät. Kurzum: Die biologische Wirkung des

Regens kann nur diese nährstoffaufschließende oder eine reine Wasserwirkung sein. Letztere erfährt aber schon eine Grenze durch die *Anschauung von Löhnis* ([13], S. 68), *daß es für die Bakterien ein Optimum der Feuchtigkeit gibt,* das bei allen Medien, sei es Stroh, Heu, Mist oder Erde, bei 50—75% der Wasserkapazität liegt. — Die direkte zahlenmäßige Erfassung der biologischen Wirkung von Regen wird wohl stets Schwierigkeiten bereiten; man wird daher zunächst alle physikalischen und chemischen Wirkungen berechnen und mit der gefundenen CO_2-Produktion vergleichen. Die Differenz kann dann als biologische Wirkung angesehen werden.

In den beiden vorhergehenden Kapiteln sind uns schon verschiedentlich Regenwirkungen begegnet. Das erstemal beim Verlauf der Tagesschwankungen der Kohlensäurekonzentration der Bodenluft und der Bodenatmung im Mais am 24. VII. (Abb. 6). Zu Beginn dieser Messungen um 20 Uhr setzte ziemlich heftig Regen ein, so daß der Versuch abgebrochen wurde. Die Atmung war sofort unter der Einwirkung des Regens auf fast Null gesunken, was ja nicht weiter verwunderlich ist; denn der Regen traf hier eine kräftige, staubfeine Hackschicht, die das Wasser sofort zu einer Schlammschicht machte. Dasselbe Maisfeld wurde noch weitere 4mal an den folgenden Tagen untersucht, mit dem Ergebnis, daß Atmung sowohl wie CO_2-Konzentration der Bodenluft unter das bisherige Niveau sanken. Das Minimum wurde nach 24 Stunden erreicht. Nach $3^1/_2$ Tagen erreicht die Atmung erst annähernd das Vor-Regen-Niveau, während die CO_2-Konzentration der Bodenluft es noch nicht erreicht. Das war die Wirkung von 5,5 mm Regen. Die Diffusionszahl zeigt normal nach dem Regen eine Senkung, die in diesem Falle jedoch nicht auf erhöhten Wassergehalt zurückzuführen ist, da dessen Bestimmungen ebenfalls eine Erniedrigung zeigen. Der trotz Regen verminderte Feuchtigkeitsgehalt des Bodens ist eine in der landwirtschaftlichen Bodenkunde bekannte Erscheinung. *King* ([10]a, S. 197) wies nach, daß ein Regen, der nicht stark genug ist, den Boden gründlich zu durchfeuchten, der aber die Wirksamkeit des „Mulch" zerstört, den Boden stärker austrocknet als mit Wasser anreichert. — Es hat also lediglich eine geringe oberflächliche Verkrustung oder Verschlämmung stattgefunden, die beim Eintrocknen bald wieder zerreißt und damit die Diffusionszahl wieder ansteigen läßt. Außerdem steigt ja der Luftgehalt durch die nunmehr verschärfte Austrocknung. — Von einer Erhöhung der CO_2-Produktion durch diesen Regen kann nicht gesprochen werden, eher vom Gegenteil. Abgesehen davon, daß der Endeffekt dieses Regens für den Boden keine Bereicherung mit Wasser, sondern vielmehr einen Wasserentzug bedeutete, kann auch nicht die Temperatur des Regens schuld sein, denn der Regen war ja bereits am nächsten Vormittag aufgezehrt, während die Produktion noch weiter sinkt.

Weitere Regenwirkungen sind in der Tab. 4a u. b bei den Messungen in verschiedenem Pflanzenbestand zu beobachten: Am 4. VII. zeigt sich übereinstimmend in Kartoffeln und Erbsen der CO_2-Gehalt der Bodenluft aufs Doppelte gesteigert, die Atmung zeigt eher eine Depression, die infolgedessen auch die Diffusionszahl erleidet. Der Regen war stark genug, um den Feuchtigkeitsgehalt des Bodens nachhaltig zu beeinflussen. Wieder ist keine anregende Wirkung auf die Bakterien oder Pflanzen nachweisbar. — Am 7. VII. ist bei Hafer die Erhöhung der Werte von Feuchtigkeit, *Bodenatmung* und CO_2-Gehalt der Bodenluft offenbar, bei Zuckerrüben ebenfalls anzunehmen. Die Diffusionszahl sinkt erst später. Hier, am 7. VII., läßt sich zum ersten Male eine Steigerung der CO_2-Produktion als Folge biologischer Anregung des Bodens durch Regen vermuten, denn die Bodenatmung zeigt ebenfalls eine Erhöhung, wenn auch nur von kurzer Dauer. — Ähnlich, der Regenmenge entsprechend, ist das Bild am 10. VII. — Recht uneinheitlich erscheint die Regenwirkung in Gerste, Zuckerrüben und Brache am 3. VIII. Grund dafür ist, daß bereits 30 Stunden seit dem Regen vergangen sind und seine Wirkungen offenbar je nach Pflanzenbestand, Struktur und Wasseraufnahmefähigkeit verschieden oder verschieden schnell verlaufen. Ebenso sehen die Verhältnisse am 6. VIII., am 25. IX. usw. aus. Gelegentlich erscheint die Atmung gesteigert, im großen ganzen nimmt sie aber trotz der allmählichen Wasseranreicherung im Oktober ab. Unzweideutig zeigt hier nur die Diffusionszahl die erwartete Abnahme mit zunehmender Wasseranreicherung des Bodens.

Diese Widersprüche, die aufzuheben keine sichere Erklärung imstande scheint, ließen vermuten, daß zu den zufällig erfaßten Stadien einer Regenwirkung die den Aufschluß ergebenden Zwischenglieder fehlten. So kam es zu dem Entschluß, künstlich zu beregnen und die Wirkung so kinematographisch wie möglich aufzunehmen. Zu diesem Zwecke wurde erstmals am 22. VIII. morgens eine Parzelle umgegrabener Stoppel mit einer Gießkanne innerhalb einer viertel bis halben Stunde mit 8 l Wasser je Quadratmeter, entsprechend 8 mm Regenhöhe, beregnet. Unmittelbar darauf wurde die erste Atmungsglocke aufgesetzt und die Untersuchung begann in üblicher Weise, während eine unberegnete gleiche Parzelle als Vergleichsmaßstab diente. Die erhaltenen Resultate sind:

Tag	22. VIII.				23. VIII.			25.VIII.
Uhrzeit	9—10	13—14	17—18	21—22	1—2	5—6	9—10	10—11
Windstärke	6	7	7	4	4	5	5	6
Bewölkung	7/8	7/8	7/8	1/1	7/8	1/2	3/4	7/8
Lufttemperatur . .	20,0°	22,0°	20,0°	16,2°	15,2°	14,7°	18,1°	25,2°

Tag	22. VIII.				23. VIII.			25.VIII.
Uhrzeit	9—10	13—14	17—18	21—22	1—2	5—6	9—10	10—11
Beregnet								
Bodenfeuchtigkeit .	11,4%						10,9%	10,6%
Bodentemperatur . .	16,9°	17,5°	17,8°	17,3°	16,8°	16,2°	16,2°	19,0°
Bodenatmung . . .	538	183	113	175	176	151	225	55
CO_2-Geh.d.Bodenluft	0,364	0,196	0,231	0,322	0,354	0,209	0,110	0,244
± m	0,038	0,001	—	0,012	0,021	0,033	—	0,007
Diffusionszahl . . .	0,084	0,056	0,028	0,031	0,028	0,041	0,117	0,012
Unberegnet								
Bodenfeuchtigkeit .	8,4%						8,7%	7,8%
Bodentemperatur . .	17,1°	18,7°	19,5°	19,0°	18,2°	17,3°	17,1°	18,9°
Bodenatmung . . .	36	210	177	228	168	30	68	93
CO_2-Geh.d.Bodenluft	0,180	—	0,220	0,258	0,277	0,199	0,172	0,206
± m	0,013	—	0,007	0,014	0,017	0,012	0,014	0,015
Diffusionszahl . . .	0,011	—	0,046	0,050	0,035	0,004	0,023	0,025

Es ist aus den Zahlen deutlich zu ersehen, daß die Bodenatmung durch das Begießen im Augenblick ganz enorm (von 36 auf 538 mg CO_2) gesteigert wird, dann aber rasch unter den Wert herabsinkt, den die unberegnete Parzelle aufweist. Allmählich steigt sie dann wieder über den Standard. Offenbar sind hier noch *stärkere Faktoren als die Diffusion* am Werke, die die Variation der Bodenatmung bedingen. Zwei Tage darauf zeigt sich kein wesentlicher Unterschied mehr, obwohl die hinzugegebene Wassermenge sich gut erhalten hat. Man könnte beinahe aus diesen späteren Zahlen schließen, daß die CO_2-Produktion durch die Beregnung gemindert sei, doch dürfte diese Schlußfolgerung nicht genügend begründet sein.

Die CO_2-Konzentration der Bodenluft steigt nicht ganz so stark wie die Atmung (immerhin in wenigen Minuten auf das Doppelte), sinkt dann aber noch rascher ab und steigt später ebenfalls langsam, um schließlich bald wieder abzufallen, und zwar unter das Niveau, das in der unberegneten Parzelle herrscht. Zwei Tage später ist die Konzentration um 25% höher, die Diffusionszahl jedoch nur halb so groß als bei der unberegneten Parzelle. Das ist die erwartete Regenwirkung: Erniedrigung des Luftgehaltanteiles am Porenvolumen durch die Wasseraufnahme und Erniedrigung des Porenvolumens überhaupt durch Verdichtung des Bodens. Die Diffusionszahl sagt sehr viel über die Regenwirkung aus. Sie ist in wenigen Minuten auf einen Wert gestiegen, der auf dem vorliegenden Boden anormal erscheint. Man kann also mit Sicherheit sagen, daß zu diesem Zeitpunkt nicht nur CO_2 diffundiert, sondern noch CO_2-haltige Luftmassen nach oben bewegt wurden. Bevor wir jedoch auf die Deutung der weiterhin auftretenden Diffusionszahlen eingehen, sei erst ein zweiter, ganz gleich angelegter Kontrollversuch vom 12. IX. angeführt, der im Prinzip genau so, nur zeitlich etwas beschleunigter verläuft:

Tag		12. IX.				13. IX.	
Uhrzeit	9—10	13—14	17—18	21—22	1—2	6—7	10—11
Windstärke	4	5	4	3	3	2	3
Bewölkung	1/2	3/4	1/4	0	0	1/4	1/4
Lufttemperatur . . .	19,3°	20,7°	14,6°	9°	5,2°	8,8°	19,7°
Beregnet							
Bodenfeuchtigkeit . .	12,7%						9,9%
Bodentemperatur . . .	16,9°	17,6°	17,4°	16,7°	14,8°	13,5°	13,8°
Bodenatmung	410	321	266	235	188	85	179
CO_2-Geh. d. Bodenluft	0,426	0,429	0,295	0,328	0,243	0,209	0,223
$\pm m$	0,035	0,040	0,012	0,039	0,010	0,012	0,019
Diffusionszahl	0,055	0,043	0,051	0,041	0,044	0,023	0,045
Unberegnet							
Bodenfeuchtigkeit . .	8,2°						
Bodentemperatur . . .	17,0°	17,7°	18,5°	17,9°	15,9°	15,1°	15,0°
Bodenatmung	93	175	163	187	180	102	56
CO_2-Geh. d. Bodenluft	0,240	0,245	0,212	0,265	0,248	0,238	0,214
$\pm m$	0,030	0,026	0,012	0,014	0,016	0,017	0,023
Diffusionszahl	0,022	0,041	0,044	0,040	0,041	0,024	0,015

Es ergibt sich genau dasselbe Auf und Ab der Werte für die Bodenatmung, CO_2-Konzentration der Bodenluft und die Diffusionszahl.
Der Vorgang erscheint nur etwas zeitlich zusammengedrängt, da nach
24 Stunden bereits die Minimalwerte (der *zweiten* Senkung) überschritten
sind und schon wieder über dem Wert der unberegneten Parzelle liegen.
Die Tatsache des beschleunigten Ablaufs der Regenwirkung erklärt
sich durch beschleunigtes Abtrocknen. Dieser Vorgang ergibt im ersten
Versuch (S. 527) einen Verlust von 0,5, im letzteren Versuch von 2,8
Gew.-% Feuchtigkeit binnen 24 Stunden. Der Verlauf der Diffusionszahl kennzeichnet die feinen physikalischen Vorgänge, die im Boden
ablaufen, und soll deshalb jetzt besprochen werden, bevor die CO_2-
Produktion berechnet wird. Die Diffusionszahl steigt in beiden Versuchen, zumal im ersten auf einen so enormen Wert, daß wir mit Recht
annahmen, sie sei keine ,,Diffusions''zahl im eigentlichen Wortsinn mehr,
sei in diesem Falle nicht nur durch diffundierende CO_2-Moleküle entstanden, sondern auch durch CO_2-Mengen, die mitsamt ihrem Medium,
N_2 und O_2 nach oben verdrängt wurden. Das Gießwasser floß mit er-
heblichem Druck in den Boden und verdrängte die darin enthaltene
Luft. Wir werden in der sich befeuchtenden Zone immer gleichzeitig
nebeneinander und zwischeneinander Luftblasen haben, die nach oben
steigen, und Wasser, das nach unten sickert. Da in 15—25 cm Tiefe
eine Feuchtigkeitserhöhung um $3-4^1/_2$% gemessen wurde, können wir
vermuten, daß das gegebene Wasser mindestens die Tiefe von 30 cm
erreicht hat. Das ist allerdings nur möglich in Anbetracht des sehr locke-
ren, umgegrabenen Bodens, der viele große Hohlräume enthält, die kein

Wasser halten, andererseits auch sonst durch die lange, extreme Dürre sehr an wasserhaltender Kraft verloren hat. — Die auch innerhalb Minuten nach dem Begießen außerordentlich gestiegene CO_2-Konzentration in 20 cm Tiefe rührt daher, daß die hier noch vorhandene Luft erstens aus der Schicht von 20—30 cm, viellleicht gar noch etwas tiefer stammt. Diese ist an sich schon kohlensäurereicher, außerdem wird die Befreiung des adsorbierten Kohlendioxyds ebenfalls in dem Moment beginnen, in dem der Boden benetzt wird. Auch solches Kohlendioxyd diffundiert von nun an mit und beeinflußt die Diffusionszahl. Diese sinkt sehr rasch wieder nach ihrem ersten starken Anstieg. Im Versuch vom 22. VIII. (S. 527) sinkt sie unter den Wert bei der unberegneten Parzelle, im zweiten Versuch nicht ganz. Hier beginnt sie schon vorher wieder zu steigen. Das kommt zunächst ganz wider Erwarten, denn es muß demnach der Austausch mit der Atmosphäre erleichtert worden sein. Das tritt tatsächlich ein, indem sich nach dem Verschwinden des Wassers von der Oberfläche bei beginnender Abtrocknung allmählich feine Risse bilden. In den beiden Versuchen wurde diese Entwicklung jedoch unterbrochen durch die feuchte und im Vergleich zum vorhergehenden Tage ruhigere Nachtluft. Erst unter der Erwärmung des nächsten Vormittags öffnen sich die Risse stärker, so daß sich die Diffusionszahl nochmals kräftig erhöht. Wie es dann zur schließlichen Erniedrigung der Diffusionszahl unter den Wert bei der unberegneten Parzelle kommt, die doch durch Erhöhung des Wassergehaltes erwartet wird, ist im zweiten Versuch nicht mehr mit erfaßt.

Man kann sich vorstellen, daß im frisch beregneten, nassen Boden Wasserhäute Krümel aneinanderhängen, gewisse lockere, *vertikule* (die entstehenden Risse mögen eine Stütze dieser Hilfshypothese sein) Strukturen herstellen, die bei weiterem Abdunsten und Versickern des Wassers wieder auseinander- und in sich zusammenfallen. Außerdem findet ja noch eine weitere, wenn auch geringe Verschlämmung statt, solange das versickernde Wasser Elektrolyte mitnimmt und dadurch die Krümelfähigkeit des Bodens vermindert. Wenn auch noch beobachtet worden wäre, wie bei weiterem Abtrocknen die Diffusionszahl auf ein tieferes Niveau gesunken wäre, das solange anhält, als die Feuchtigkeit erhöht ist, wäre damit nicht viel Aufklärung über diesen komplizierten und schwer vorstellbaren Vorgang gewonnen. *Denn die Diffusionszahl hat wie alle anderen Angaben über Porenvolumen und Luftgehalt eines Bodens ihren praktischen Grenznutzen: Sie vermögen uns wohl die absoluten bzw. relativen Größen anzugeben, aber nicht ihre Verteilung im Bodenraum.*

Die biologische Anregung durch Regen muß sich, wie schon ausgeführt, aus der Differenz der *ohne* Regen und der *mit* Regen abgegebenen CO_2-Menge, abzüglich der physikalisch wie chemisch durch Regen befreiten bzw. gelösten Menge ergeben. Die CO_2-Produktion der *unberegneten* Parzelle betrug in 26 Stunden:

Versuch 1 am 22. VIII. (S. 527):	Versuch 2 am 12. IX. (S. 528):
2 St. zu 36 mg CO_2 = 72 mg CO_2	2 St. zu 93 m gCO_2 = 186 mg CO_2
4 ,, ,, 210 ,, ,, = 840 ,, ,,	4 ,, ,, 175 ,, ,, = 700 ,, ,,
4 ,, ,, 177 ,, ,, = 708 ,, ,,	4 ,, ,, 163 ,, ,, = 652 ,, ,,
4 ,, ,, 228 ,, ,, = 912 ,, ,.	4 ,, ,, 187 ,, ,, = 748 ,, ,,
4 ,, ,, 168 ,, ,, = 672 ,, ,,	4 ,, ,, 180 ,, ,, = 720 ,, ,,
4 ,, ,, 30 ,, ,, = 120 ,, ,,	4 ,, ,, 102 ,, ,, = 408 ,, ,,
4 ,, ,, 68 ,, ,, = 272 ,, ,,	4 ,, ,, 56 ,, ,, = 224 ,, ,,
= 3596 mg CO_2	= 3638 mg CO_2

Die CO_2-Produktion der *beregneten* Parzelle betrug in 26 Stunden:

Versuch 1 am 22. VIII. (S. 527):	Versuch 2 am 12. IX. (S. 528):
2 St. zu 538 mg CO_2 = 1076 mg CO_2	2 St. zu 410 mg CO_2 = 820 mg CO_2
4 ,, ,, 183 ,, ,, = 732 ,, ,,	4 ,, ,, 321 ,, ,, = 1284 ,, ,,
4 ,, ,, 113 ,, ,, = 452 ,, ,,	4 ,, ,, 266 ,, ,, = 1064 ,, ,,
4 ,, ,, 175 ,, ,, = 700 ,, ,,	4 ,, ,, 235 ,, ,, = 940 ,, ,,
4 ,, ,, 176 ,, ,, = 704 ,, ,,	4 ,, ,, 188 ,, ,, = 752 ,, ,,
4 ,, ,, 151 ,, ,, = 604 ,, ,,	4 ,, ,, 85 ,, ,, = 340 ,, ,,
4 ,, ,, 225 ,, ,, = 900 ,, ,,	4 ,, ,, 179 ,, ,, = 716 ,,
5168 mg CO_2	5916 mg CO_2

Unberegnet waren produziert:	3596 mg CO_2	3638 mg CO_2
Überschuß:	1572 mg CO_2	2278 mg CO_2

Nach *Schloesing* und *Wiegner* konnten die 8 l Wasser bei einer herrschenden CO_2-Konzentration von knapp 0,3 Volumprozent in der Bodenluft $0{,}136$ g Ca CO_3 je 1 l $= 0{,}136 \cdot \dfrac{44}{100} \cdot 8 = 0{,}479$ g CO_2 aufnehmen. Dazu kämen noch physikalisch gelöst als sog. freie Kohlensäure etwa 5 mg je 1 l, welche Menge aber mindestens auch schon mit dem Wasser mitgegeben wurde. Falls dies carbonathaltig war, würden 5 mg CO_2 noch zu niedrig sein. Es würden also günstigstenfalls zu obigen Überschüssen je 479 mg CO_2 hinzuzurechnen sein und daraus *eine Mehrproduktion gegenüber Unberegnet von 2 g im ersten und 2,8 g CO_2 im zweiten Versuch resultieren.*

Schon der ganze Verlauf der Bodenatmungskurve, das plötzliche starke Ansteigen und das ebenso plötzliche Wiederabsinken drängen mechanisch-physikalische Vorgänge in den Vordergrund der Betrachtungen. Zweifellos ist aber auch die errechnete Mehrproduktion durch Regen vollständig erfaßt, was aus reichlichen anderen Messungen nach Regen ohne Bedenken gefolgert werden kann. (Die letzten Messungen der Versuche nach 24 Stunden fallen immer gerade in die durch die Nacht unterbrochene Abtrocknungsperiode. Schon in den nächsten Stunden dürfte die Bodenatmung in der beregneten Parzelle die geringere gewesen sein.) Dann aber bleibt die Frage offen: Woher kommen diese überzähligen $2^1/_2$ g CO_2? Immer wieder findet man in der Literatur angegeben, der Regen vertreibe Gas aus seiner adsorptiven Bindung. So wenig geklärt die Vorstellungen über chemische und physikalische Adsorption von Gasen durch feste Körper sind, so gering sind auch die quantitativen Untersuchungen diesbezüglicher Eigenschaften des Bodens. Seite 523 sind die Ergebnisse *Döbrichs* mitgeteilt. Der vorliegende Boden war äußerst trocken, humos- und feinerde- und basenreich, also in jeder Hinsicht für die Adsorption von Kohlensäure günstig gestellt. Nach *Döbrich* wäre noch nicht einmal eine Schicht von 1 cm Dicke erforderlich gewesen, um die $2^1/_2$ g CO_2 abgeben zu können. Der Regen war aber nachweislich 30 cm tief eingedrungen. *Russel* und *Appleyard* haben Boden unter eine Vakuumpumpe gebracht und zuletzt reine CO_2 erhalten. Damit war die Grundlage zu der heute verbreiteten Anschauung gegeben, daß die allerfeinsten Capillaren des Bodens, in denen auch die Bakterienkolonien vermutet werden, eine Atmosphäre fast reiner Kohlensäure beherbergen. Nimmt man an, diese feinsten Capillaren hätten sich voll Wasser gesogen und ihre Kohlensäureatmosphäre dafür abgegeben, so konnten die 8 l Wasser theoretisch etwa 15 g CO_2 vertreiben statt der $2^1/_2$ g, die nur gemessen wurden.

Es besteht also nach diesen Versuchen nicht die geringste Veranlassung, das plötzliche Ansteigen der Bodenatmung nach Regen auf biologische Gründe zurückzuführen, d. h. auf eine Anregung des Lebenstätigkeit der Bodenbakterien. Die beobachtete Steigerung der Bodenatmung ist stets von verhältnismäßig kurzer Dauer, nach den vorliegenden Untersuchungen immer viel kürzer als der Feuchtigkeitszustand durch die Beregnung ein höherer bleibt. Es wird daher durchaus verständlich, wenn von *Fodor* ([6]) und *Russel* und *Appleyard* bald eine höhere, bald eine niedrigere CO_2-Konzentration finden und damit an eine mal gesteigerte und mal gehemmte Produktion glauben. Es ist aber falsch, hier für die Anzahl der Fälle die Wahrscheinlichkeitsberechnung anzuwenden und aus dem Resultat zu schließen, daß die gesteigerte Produktion Tatsache wäre ([28], S. 335), denn es handelt sich nicht um Analysenfehler, sondern um verschiedene Phasen der Regenwirkung, verschiedene Abstände vom letzten Regen, die erfaßt wurden. Solche Einzelbeobachtungen mußten natürlich unerklärlich bleiben.

Es kann die Schlußfolgerung, daß eine direkte biologische Anregung der Bakterien durch Regen nicht statt hat, auch nicht durch die Versuche *Reinaus* ([24], S. 159/60) widerlegt werden, auf Grund deren die Bodenatmung nach Begießen mit destilliertem Wasser erst nach etwa einer halben Stunde gesteigert wird. Gewiß schädigt destilliertes Wasser auch die Bakterien, aber es schädigt außerdem den Boden, was in diesem Falle das Ausschlaggebendere sein dürfte. *Hissink* (Die Einwirkung verschiedener Salzlösungen auf die Durchlässigkeit des Bodens. Internat. Mittlg. f. Bodenk. 6, 142 [1916]) und ähnlich *Nolte* (Landw. Vers. Stat. 98, 135 [1921]) haben bereits nachgewiesen, daß destilliertes Wasser den Boden *sofort* dichtschlämmt und in Einzelkornstruktur versetzt. Das Wasser muß sich also erst ein wenig verlaufen, bevor die Atmung steigen kann. Vergleichende Diffusionszahlen hätten diesen kolloidchemischen Vorgang als solchen aufdecken müssen.

Die besprochenen beiden Versuche können jedoch nicht endgüllig eine biologische Anregung durch Regen in jedem Falle leugnen. Schon anläßlich der Untersuchungen in verschiedenem Pflanzenbestand wurde darauf hingewiesen (S. 512), daß es wahrscheinlich ein gewisses Maß an Feuchtigkeit gibt, das zwar den Bakterien genügt, aber den Pflanzen noch nicht. Hier kann vielleicht ein Regen belebend wirken, zunächst auf die Wurzelatmung (jedoch dürfte wahrscheinlich auch eine gewisse Tätigkeit rhizosphärer Bakterien davon abhängig sein). Ein wirklicher Beweis für diese Möglichkeit besteht nicht. Für den praktischen Landwirt ist der Zustand der Bodengare meist das Kriterium, das ihn an die niemals gesehenen Bakterien glauben läßt. Für ihn ist jedoch eine alte Erfahrung, daß die Gare sich nicht über Nacht einstellt, sondern ihre mehrwöchige Entstehungszeit braucht. Es wurden daher zwei verschiedenartige Versuche angelegt. Einmal wurden je eine Zuckerrüben- und Bracheparzelle mit Leitungswasser an 3 aufeinanderfolgenden Tagen mit je 15 mm künstlich beregnet, die parallelen Parzellen nicht. Damit sollte den beregneten Parzellen ein solcher Vorrat an Feuchtigkeit gegeben werden, daß an ein neuerliches Austrocknen nicht mehr zu denken war. Wenn sich hier nun allmählich eine andauernde höhere Produktion eingestellt hätte, so wäre sie wohl sicherlich biologischer Herkunft gewesen. Die Resultate sind in Tab. 8 und 9 zusammengestellt. Die Beregnung erfolgte am 18., 19. und 20. IX.

Die künstlich beregneten Zuckerrüben (Tab. 8) hatte die Beregnung noch rechtzeitig getroffen, denn schon nach wenigen Tagen zeigten sie freudiges Wachstum und wurden stattliche Rüben, die den Erdboden *in* der Reihe von Nachbar zu Nachbar bald kräftig auseinanderklaffen ließen. Das freudige Wachstum ist am starken Wasserverbrauch zu erkennen, der aber dann schon Ende September nachläßt, während die Parzelle ohne künstlichen Regen erst Anfang Oktober kräftigen Wasserverbrauch zeigt, der ja auch bis dahin schlecht möglich war. Bis zum 25. IX. scheint auch die CO_2-Produktion in der beregneten Parzelle höher zu sein. Das kann aber auch nicht als biologische Regenwirkung gedeutet werden, denn dazu ist die Mehrproduktion noch zu gering. Sie steigt auch nicht mit der Zeit an, sondern wird gelegentlich mühelos überholt, wenn auch die unberegnete Parzelle mal natürlichen Regen bekommt. Es sind das alles nur die geringen CO_2-Mengen, die stets nach

Tabelle 8. *Zuckerrüben.*

		Mit 45 mm beregnet				Unberegnet			
Tag	Uhr	I	II	III ± m	IV	I	II	III ± m	IV
21. IX.	9—11	15,9%	184	0,459 ± 0,015	0,023	8,2%	78	0,333 ± 0,011	0,023
22. IX.	13—15	13,1%	107	0,450 ± 0,022	0,014	7,6%	72	0,209 ± 0,011	0,015
24. IX.	15—17	12,7%	211	0,344 ± 0,008	0,020	6,5%	74	0,288 ± 0,011	0,015

(In der Nacht 7,7 mm Regen)

25. IX.	16—18	15,7%	306	0,374 ± 0,063	0,047	9,4%	120	0,236 ± 0,041	0,029
27. IX.	16—18	15,9%	92	0,255 ± 0,020	0,021	7,7%	99	0,239 ± 0,021	0,024

(In der Nacht vorher 1,4 mm Regen)

29. IX.	10—12	15,1%	119	0,344 ± 0,019	0,020	7,9%	122	0,219 ± 0,004	0,032

(Inzwischen 8,6 mm Regen)

1. X.	15—17	14,9%	97	0,083 ± 0,009	0,067	9,9%	58	0,133 ± 0,004	0,025

(Inzwischen 3,1 mm Regen)

3. X.	13—15	15,4%	82	0,340 ± 0,078	0,014	15,0%	109	0,298 ± 0,030	0,021
5. X.	9—12	14,8%	94	0,326 ± 0,021	0,016	11,8%	98	0,229 ± 0,006	0,024

(Inzwischen 0,8 mm Regen und gehackt)

8. X.	9—11	15,9%	86	0,310 ± 0,017	0,016	9,8%	101	0,248 ± 0,010	0,023

(Inzwischen 11,8 mm Regen)

13. X.	14—16	16,2%	96	0,258 —	0,021	14,8%	75	0,249 —	0,017

(Inzwischen 15,7 mm Regen)

30. X.	9—11	15,3%	69	0,286 ± 0,016	0,014	14,2%	90	0,290 ± 0,010	0,018

I = Wassergehalt.
II = Bodenatmung in Milligramm CO_2 je qm/St.
III = CO_2-Konzentration der Bodenluft in 20 cm Tiefe in Vol.-% ± m.
IV = Diffusionszahl (angenommen 30% Luftgehalt).

Regen mehr diffundieren und so schnell wieder verschwinden, daß die Annahme, es handele sich um aus der Adsorption oder aus den Capillaren verdrängte Gase, meines Erachtens plausibler ist als die von der biologischen Reaktion auf Wasser. Die unberegnete Parzelle bekommt nicht vor Anfang bis Mitte Oktober normale Lebensbedingungen; trotzdem zeigt sich weder vorher, noch nachher ein sicherer Unterschied zwischen beiden. Die Diffusionszahlen der beregneten Parzelle sind im allgemeinen niedriger als die der unberegneten, doch treten die typischen hohen Werte auf, die das Aufplatzen des Bodens kennzeichnen. Allerdings war das Aufplatzen jetzt weniger eine Folge des Abtrocknens als vielmehr des kräftigen Wachstums der Rüben, da die Tage schon kühl und kurz und das Blätterdach dicht war. (Die Bodenluft wurde stets „in der Reihe" zwischen den einzelnen Rüben gezapft.)

Auch in den unbestellten Parzellen (Tab. 9), von denen die eine in gleicher Weise künstlich mit 45 mm beregnet worden war, ist kein Unter-

Tabelle 9. (*Unbestellt.*)

Tag	Uhr	Mit 45 mm künstlich beregnet				Unberegnet			
		I	II	III ± m	IV	I	II	III ± m	IV
21. IX.	9—11	15,3%	253	0,376 ± 0,011	0,038	10,2%	130	0,261 —	0,028
22. IX.	13—15	15,1%	78	0,248 ± 0,007	0,018	8,8%	84	0,197 ± 0,029	0,024
24. IX.	15—17	13,2%	94	0,162 ± 0,003	0,033	9,0%	110	0,167 ± 0,011	0,038
				(In der Nacht 7,7 mm Regen)					
25. XI.	16—18	15,5%	83	0,262 ± 0,017	0,018	12,0%	146	0,161 ± 0,007	0,052
27. IX.	16—18	14,5%	128	0,173 ± 0,010	0,042	11,7%	97	0,161 ± 0,010	0,034
				(In der Nacht vorher 1,4 mm Regen)					
29. IX.	10 12	14,0%	87	0,176 ± 0,004	0,028	11,9%	129	0,133 ± 0,012	0,055
				(Inzwischen 8,6 mm Regen)					
1. X.	15—17	16,0%	105	0,220 ± 0,012	0,027	14,0%	140	0,131 ± 0,005	0,061
				(Inzwischen 3,1 mm Regen)					
3. X.	13—15	15,1%	65	0,204 ± 0,016	0,018	13,9%	100	0,198 ± 0,013	0,029
5. X.	9—12	14,4%	76	0,141 ± 0,009	0,031	14,2%	64	0,112 ± 0,007	0,033
				(Inzwischen 0,8 mm Regen und gehackt)					
8. X.	9—11	12,7%	90	0,225 ± 0,009	0,023	13,1%	93	0,188 ± 0,006	0,028
				(Inzwischen 11,8 mm Regen)					
13. X.	14—16	19,1%	131	0,262 ± 0,036	0,028	16,1%	83	0,222 ± 0,020	0,021
				(Inzwischen 15,7 mm Regen)					
30. X.	9—11	13,9%	83	0,169 ± 0,009	0,028	14,4%	63	0,163 ± 0,012	0,022

I = Wassergehalt.
II = Bodenatmung in Milligramm CO_2 je qm/St.
III = CO_2-Konzentration der Bodenluft in 20 cm Tiefe in Vol.-% ± m.
IV = Diffusionszahl (angenommen 30% Luftgehalt).

schied in der CO_2-Produktion der reichlich feuchten und der trockenen Parzelle zu erkennen. Das Material bietet lediglich Gelegenheit, die typischen Einwirkungen des Regens auf die Diffusionszahl zu studieren. Im allgemeinen liegt sie in der feuchten Parzelle niedriger, da der Luftgehalt geringer ist, aber gelegentlich werden die Stadien der Abtrocknung, des Aufreißens der Krume getroffen, in denen dann die Diffusionszahl hoch wird. — Es haben also die anderthalben Monate, die allerdings kühler Spätherbst waren, nicht genügt, den Boden *gar* zu machen, ihn biologisch anzuregen. Auch unter den Zuckerrüben, deren Kraut gut entwickelt war, war der Boden nur naß und infolgedessen mürbe, zeigte aber nicht die Charakteristika der Gare, wie grünen Algenbelag, Erdgeruch, Elastizität und feine Krümelstruktur.

Ein letzter Versuch in dieser Richtung wurde so angelegt, daß eine Parzelle überdacht wurde, also weder direktes Sonnenlicht, vor allem aber keinen natürlichen Regen erhielt. Diese Parzelle wurde mit einer

Tabelle 10. (*Unbestellt*).

Tag	Uhr	Am 21. VIII. überdacht, seitdem 25,4 mm Regen				Nicht überdacht			
		I	II	III ± m	IV	I	II	III ± m	IV
						(Vormittags 14 mm Regen)			
30. VIII.	17—18	10,0%	92	0,165 ± 0,004	0,032	15,4%	56	0,420 —	0,008
31. VIII.	17—18	9,2%	114	0,139 ± 0,035	0,047	12,7%	143	0,334 —	0,024
						(Inzwischen kein Regen)			
9. IX.	10—11	8,1%	68	0,176 ± 0,010	0,030	9,1%	158	0,202 ± 0,011	0,045
						(Inzwischen kein Regen)			
18. IX.	10—11	9,9%	68	0,168 ± 0,000	0,023	9,1%	58	0,171 ± 0,017	0,019
						(Inzwischen 22,2 mm Regen)			
11. X.	9—10	10,3%	66	0,155 ± 0,014	0,024	12,5%	82	0,194 ± 0,007	0,024
	13—14	10,3%	74	0,161 ± 0,004	0,026	12,5%	97	0,155 ± 0,014	0,036
	17—18	10,3%	95	0,154 ± 0,007	0,035	12,5%	101	0,228 —	0,025
						(Inzwischen 26,9 mm Regen)			
25. X.	16—17	10,2%	120	0,190 ± 0,021	0,036	14,2%	197	0,285 ± 0,037	0,039

I = Wassergehalt.
II = Bodenatmung in Milligramm CO_2 je qm/St.
III = CO_2-Konzentration der Bodenluft in 20 cm Tiefe in Vol.-% ± m.
IV = Diffusionszahl (angenommen 30% Luftgehalt).

anderen unbehandelten Parzelle verglichen. Beide hatten keinen Pflanzenbestand (Taf. 10).

Dies ist der einzige Fall, in dem die CO_2-Produktion nach etwa drei Wochen durch die Befeuchtung konstant erhöht erscheint, was besonders die 3malige Messung am 11. X. dokumentiert. Aber das dürfte so aufzufassen sein, daß in Wirklichkeit die bedeckte Parzelle geschädigt wurde. Sie war schon trocken als sie am 21. VIII. bedeckt wurde. Durch die nun noch verlängerte Trockenheit zeigt sie am 9. IX. einen Wassergehalt, der völlig anormal ist. Der unbestellte Boden des Versuchsfeldes hat noch nie weniger als 10 Gew.-% aufgewiesen. Hier handelt es sich um locker umgegrabene Stoppel, die schon beim Umgraben trocken war und daher wohl noch etwas stärker austrocknen konnte als sonst die Brache. Die überdachte Parzelle erreicht nämlich ein Feuchtigkeitsminimum (9. IX.), das nur im Pflanzenbestand gefunden wird, bis allmählich die Capillarität diesen Verlust wieder etwas aufwiegt. Am 18. IX. zeigt sich dann der umgekehrte Fall: Die unbedachte Parzelle ist trockener. Wir befinden uns jetzt auf der Höhe der Dürreperiode. Jeder Tag bringt unbewölkten Himmel. Die Sonne holt das letzte Tröpfchen Wasser aus dem unbedeckten Land, das obendrein weiterhin seine Struktur verschlechtert, während die überdachte Parzelle ihre Struktur beibehält und über Tag nicht soviel verdunsten muß. — Sonst sagt auch dieser Versuch nichts weiter aus. Er zeigt fast ausnahmslos mehr Kohlendioxyd in der Bodenluft der offenen Parzelle und typische Diffusionszahlen, durch die letztere teils ihre schlechtere Struktur, teils ihren höheren Wassergehalt kennzeichnet.

Zusammenfassend kann man über die Einwirkung des Regens auf die Kohlensäureproduktion im Boden sagen, daß sich dafür kein sicherer Anhalt gibt, daß die beobachtete Mehrproduktion biologischer Herkunft sei. Sie dürfte vielmehr auf dem Vorgang der Verdrängung adsorptiv gebundenen oder gasförmigen Kohlendioxyds aus den Capillaren durch eindringendes Wasser beruhen. Gegen die biologische Anregung des Bodens durch Regen sprechen die außerordentliche schnelle Steigerung der Atmung (um mehrere hundert Prozent in wenigen Minuten) und der rasche Abfall. Die Bodenatmung zeigt sich nicht entfernt solange gesteigert, wie eine höhere Feuchtigkeit festgestellt werden kann. In den vorliegenden Versuchen war nach dem, was die Messungen unter verschiedenem Pflanzenbestand ergeben haben, vor der künstlichen Beregnung teils genügend, teils ungenügend Feuchtigkeit für die Entfaltung der vollen bakteriellen und pflanzlichen Lebenstätigkeit vorhanden. Trotzdem verlief die Kurve der Bodenatmung stets gleich: sofortiger Anstieg, steiler Abfall, kein Anhalten der Reaktion entsprechend dem Anhalten der gesteigerten Feuchtigkeit. Die erstaunlichen Reaktionen der Kleinlebewesen, die man im Laboratorium experimentell durch Variation der Lebensbedingungen erhält, scheinen in der Natur nicht so schematisch aufzutreten und die Laboratoriumsbefunde nur mit Vorsicht in die Praxis der Natur übertragen werden zu können, wovor ja auch selbst seitens der Bakteriologen neuerdings besonders von *Rossi* gewarnt wird ([25], S. 341), der sogar von einem „Bankrott" der Wissenschaft hinsichtlich der Bodenbakteriologie spricht.

Die Wirkung des Regens auf die Diffusionszahl als den Ausdruck für die Ausgleichsmöglichkeit der verschiedenen Zusammensetzung von Bodenluft und freier Atmosphäre ist eine mehrfache: *Erstens wird im Augenblick des Eindringens von Wasser in den Boden das entsprechende Quantum Luft herausgedrängt, so daß die Diffusionszahl außerordentlich hoch erscheint, aber in Wirklichkeit keinen Diffusionskoeffizienten, sondern eher einen Permeabilitätswert darstellt, der die Durchlässigkeit des Bodens für durchgepreßte Massen angibt. Das ist jedoch nur ein Stadium von kurzer Dauer, nach welchem die Diffusionszahl sich entsprechend dem verminderten Luftgehalt des Bodens erniedrigt. Jedoch wird diese Entwicklung zunächst noch durch die Abtrocknungsvorgänge unterbrochen, die die Struktur des Bodens verändern, insbesondere die geschlossene Oberfläche zerreißen. Dieser Vorgang bedingt gelegentlich sehr hohe Diffusionszahlen, die jedoch ebenfalls nur vorübergehend auftreten.*

E. Der Einfluß der Bodenbearbeitung auf die Produktion der Kohlensäure im Boden und ihre Diffusion in die Atmosphäre.

Die landwirtschaftliche Bodenbearbeitung ist eine stets wiederkehrende, in gewissem Sinne sogar fortlaufende, denn sie dient der Erhaltung eines für den bestimmten Zweck günstigen Zustandes, zum Unterschied von der Kultivierung, die die einmalige Herstellung eines solchen Zustandes bezweckt. Kennzeichnend für den Bodenbearbeitungszustand ist die physikalische Struktur, für die die Diffusionszahl mit gewissen Einschränkungen (Wassergehalt und die Verteilung der Lufthohlräume) ein Maß ist. Es gibt schon eine Reihe von Untersuchungen (*Lundegårdh* [15, S. 14/15], *Dönhoff, Reinau* [24, S. 159]) über den Einfluß der Bearbeitung auf die CO_2-Produktion. Meines Erachtens ist damit eine Stufe übersprungen: Die Bearbeitung will zwar die Grundlage der Produktion verbessern; die Produktion ist aber noch von vielen anderen Bedingungen abhängig, auf die die Bearbeitung keinen Einfluß hat, vor allem also die Witterungsfaktoren und die Zufuhr von Nährstoffen von außen, die also nicht vom Boden selbst durch Verwitterung zur Verfügung gestellt werden. Die einzelne Maßnahme der Bodenbearbeitung wird die Produktion nur dann *wesentlich* beeinflussen, wenn der vorherige Zustand so extrem ungünstig war, daß er die Auswirkung aller anderen Faktoren ausschaltete. Das widerspricht aber der normalintensiven landwirtschaftlichen Bodenbearbeitung, die eine Boden-*pflege* ist. Es wird also viel schwieriger sein, im normalen Betrieb die Wirkung einer einzelnen Bearbeitungsmaßnahme an der CO_2-Produktion zu messen, die erst allmählich Unterschiede zeigen kann. Eine Ausnahme bildet allerdings strenger, bindiger Boden. Er fällt allzu leicht in Extreme, und fast jede einzelne Pflegemaßnahme im Ablauf des Jahres wird einer Melioration ähnlich. Sie wird sich vielleicht sehr bald durch die Messung der CO_2-Produktion erfassen lassen, *schneller und sicherer jedoch durch die Bestimmung der Diffusionszahl.*

Strukturunterschiede zeigte die Diffusionszahl im Laufe der bisher erörterten Untersuchungen schon öfter an. Unter den verschiedenen Tagesverläufen fielen die beiden letzten (s. Abb. 6), auf umgegrabenem Stoppelland beobachteten durch ihre bedeutend höhere Diffusionszahl gegenüber den früheren auf. Im Abschnitt über die Einwirkungen verschiedenen Pflanzenbestandes wurden diejenigen auf die Struktur eingehend besprochen. Das vorhergehende Kapitel zeigte, daß die Strukturveränderungen nach Regen oft die Diffusionszahl stärker beeinflussen als die Verminderungen des Luftgehaltes. — Zur Untersuchung des Einflusses verschiedener Bearbeitung war eine Parzelle des am 31. III. tiefgefrästen (30 cm) Bodens am 11. IV. 4mal mit einer Glattwalze überfahren und dann sich selbst überlassen. Im August wurden die gewalzte und ein gefräste Parzelle miteinander verglichen (Tab. 11).

Tabelle 11. (*Unbestellt.*)

		Gefräst				Gewalzt			
Tag	Uhr	I	II	III ± m	IV	I	II	III ± m	IV
6. VIII.	14—17	11,6%	138	0,205 —	0,038	14,3%	191	0,532 ± 0,010	0,020
				(Inzwischen 2,5 mm Regen)					
8. VIII.	8—11	11,9%	237	0,226 ± 0,027	0,060	12,6%	224	0,256 ± 0,014	0,050
9. VIII.	14—17	11,4%	154	0,263 ± 0,019	0,033	12,2%	161	0,274 ± 0,010	0,034
				(Inzwischen 0,4 mm Regen)					
11. VIII.	8—11	11,9%	2 ?	0,185 ± 0,020	0,001 ?	13,2%	151	0,303 ± 0,027	0,028

I = Wassergehalt.
II = Bodenatmung in Milligramm CO_2 je qm/St.
III = CO_2-Konzentration der Bodenluft in 20 cm Tiefe in Vol.-% ± m.
IV = Diffusionszahl (angenommen 30% Luftgehalt).

Da die gewalzte Parzelle bereits 4 Monate in diesem Zustand der Mißhandlung lag, sollte man annehmen, dies müßte sich auch in der CO_2-Produktion ausdrücken. Doch eher könnte man nach den Zahlen das Gegenteil behaupten. Das ist ein Zeichen für die einzigartige Qualität des Versuchsfeldbodens, dessen Struktur und Produktivität zu zerstören hiernach schwieriger erscheint als sie zu erhalten. Nicht einmal die Diffusionszahlen zeigen ganz eindeutig die Verdichtung des Bodens, da sämtliche Messungen unter dem Einfluß, wenn auch geringer, Regenfälle stehen (auch am 5. und 6. VIII. hatte es vormittags — 4,6 mm — geregnet). Die Bodenatmung von 2 mg CO_2 je Quadratmeter/Stunde am 11. VIII. auf der gefrästen Parzelle ist sicherlich die Folge einer unbeobachtet gebliebenen Anormalität, vielleicht auch eines unterlaufenen Fehlers. Jedenfalls dürfte dem Resultat keine weitere Bedeutung zuzumessen sein. Die niedere CO_2-Konzentration der Bodenluft läßt darauf schließen, daß wahrscheinlich hier eine höhere Diffusionszahl hingehört. Bei angenommener gleicher Bodenatmung mit der Vergleichsparzelle würde die Diffusionszahl 0,046 betragen, also höher sein als in der gewalzten Parzelle, wie man es ja auch erwartet. —

Der Boden des Versuchsfeldes ist also höchst ungeeignet für solche Beobachtungen, weil er weder verkrustet, noch verschlämmt. Trotzdem muß er natürlich den momentanen Lüftungseffekt einer Bearbeitung in der Diffusionszahl irgendwie erkennen lassen. Jede in den Boden eindringende, wühlende Bearbeitung beseitigt für einen Augenblick den Diffusionswiderstand, indem sie Schollen oder Krümel von der Unterlage losreißt und ein Stück anhebt. Das genügt, um eine gründliche Durchmischung der Bodenluft mit atmosphärischer Luft zu bewirken. Außerdem werden neue und meist auch größere Austauschwege durch die Auflockerung geschaffen werden, die sich erst allmählich durch Zerbröckeln der Schollen, Festtreten, Einschlämmen durch Regen usw. wieder schließen. *Löhnis* ([13], S. 283) sagt allerdings schon in seinen Vorlesungen über landwirtschaftliche Bakteriologie: „Entgegen einer weitverbreiteten und an sich sehr naheliegenden Vermutung ist die durch Bearbeitung bewirkte Änderung des *Luftzutrittes* meist *nicht* von erheblicher Bedeutung."

Um diese Vorgänge genauer zu studieren, wurde einmal die Wirkung der Handhacke im 24-Stundenverlauf beobachtet:

		Gejätet			Gehackt		
Tag	Uhrzeit	Atm.	Bodenluft	Diffz.	Atm.	Bodenluft	Diffz.
12. VII.	8—10	279	$0,616 \pm 0,017$	0,026	252	$0,610 \pm 0,035$	0,024
	14—16	—	$0,725 \pm 0,065$	—	243	$0,597 \pm 0,066$	0,023
	20—22	556	$0,936 \pm 0,035$	0,034	486	$0,638 \pm 0,027$	0,043
13. VII.	2—4	456	$0,767 \pm 0,045$	0,034	318	$0,625 \pm 0,025$	0,028
	8—10	184	$0,662 \pm 0,020$	0,016	229	$0,601 \pm 0,008$	0,022

In der Nacht vorher 1,2 mm Regen.

17. VII.	15—16	262	$0,630 \pm 0,024$	0,024	203	$0,599 \pm 0,052$	0,019
	20—21	298	$0,658 \pm 0,023$	0,026	236	$0,584 \pm 0,023$	0,023

Die ersten Messungen sind etwa 2 Stunden nach der Bearbeitung gemacht. Weder steigt die Produktion noch die Diffusion in der gehackten Parzelle über die entsprechenden Werte der ungehackten. Am 17. VII. sind die Diffusionszahlen in der gehackten Parzelle etwas niedriger: Der geringe Nachtregen ist in der Hackschicht hängengeblieben und hier etwas hinderlich für die Diffusion. Im ganzen gewinnt man den Eindruck, als ob der gehackte Boden von seiner Leitfähigkeit für Temperatur, Wasser usw. eingebüßt hätte und infolgedessen sich die Tagesvariationen des Kohlensäureumsatzes in mäßigeren Grenzen hielten. Die Wirkung der Handhacke auf die Kohlensäurebildung und -bewegung ist jedenfalls eine äußerst geringe. Das Hacken hatte hier nur Bedeutung als Pflegearbeit für die Bekämpfung des Unkrautes, Erhaltung der Hackschicht usw., nicht aber beseitigte sie eine schadliche Verkrustung.

Ebenso wurde versucht, die Wirkung des Stoppelumgrabens zu erfassen (s. Tab. S. 540).

Die ersten Messungen wurden ungefähr eine Stunde nach dem Umgraben und Glattharken ausgeführt. An der Konzentration der Bodenluft ist eine sehr deutliche Verdünnung in den tieferen Schichten wahrzunehmen. Die Bodenatmung und mehr noch die extrem hohe Diffusionszahl zeigen, daß erhebliche Mengen CO_2 abziehen, daß die Konzentration sich also erniedrigt. Daß es sich dabei nicht um eine vermehrte Produktion handelt, zeigen die späteren Bodenatmungswerte, trotzdem

Tag	Uhrzeit	Atm.	Bodenluft	Diff.	Atm.	Bodenluft	Diff.
		Umgegraben				Stoppel	
14. VIII.	7—8	183	$0,193 \pm 0,015$	0,054	140	0,276 —	0,029
	11—12	406	0,152 —	0,152	216	$0,289 \pm 0,017$	0,043
	Inzwischen 1,3 mm Regen						
16. VIII.	10—11	230	$0,310 \pm 0,012$	0,042	127	$0,284 \pm 0,020$	0,025
	16—17	220	$0,313 \pm 0,021$	0,040	91	$0,315 \pm 0,023$	0,016
	Inzwischen 1,2 mm Regen						
17. VIII.	15—16	190	$0,231 \pm 0,008$	0,047	198	$0,253 \pm 0,009$	0,045
	Vormittags 3 mm Regen						
18. VIII.	15—16	95	$0,326 \pm 0,056$	0,017	69	$0,317 \pm 0,038$	0,012
	Morgens 0,6 mm Regen						
20. VIII.	11—12	145	$0,251 \pm 0,017$	0,033	171	0,244 —	0,040
	Inzwischen 11,4 mm Regen						
11. IX.	14—15	70	$0,218 \pm 0,019$	0,018	90	$0,265 \pm 0,031$	0,019
	Inzwischen kein Regen						
19. IX.	9—10	127	$0,203 \pm 0,010$	0,033	54	$0,197 \pm 0,018$	0,016

doch immer in diesen Tagen eine gewisse Befeuchtung stattgefunden hat. Die Diffusionszahl bleibt in der umgegrabenen Parzelle höher. Die beiden Ausnahmen sind auf den Regen zurückzuführen, der von der umgegrabenen Parzelle besser aufgesogen wird und eine oberflächliche Dichtschlämmung hervorruft.

Man kann also zu diesen Untersuchungen der Kohlensäurebildung und -diffusion unter dem Einfluß verschiedener Bodenbearbeitung sagen, daß der Boden, der die Unterlage für diese Untersuchungen bildete, nicht sehr geeignet war. Er zeigt zwar deutlich Strukturverschiedenheiten durch Unterschiede in der Diffusionszahl, aber der Boden erleidet keine Extreme in der Durchlüftung durch Verschlämmung oder Verkrustung, weil er ein ganz hervorragend milder Boden ist. Wir können aus den vorliegenden Untersuchungen für die landwirtschaftliche Praxis schließen, daß auf leichten und schwereren Böden, soweit sie milde und nicht bindig sind, unter normalen Verhältnissen stets eine genügende Durchlüftung gesichert erscheint und schädliche CO_2-Konzentrationen oder Sauerstoffmangel im Laufe der sommerlichen Vegetationsperiode nicht zu befürchten sind. Doch läßt sich dies Ergebnis nicht auf strenge und tonige Böden übertragen, auf denen erst weitere Versuche über diese Frage Klarheit bringen müssen. Ein Einfluß der Bearbeitung auf die CO_2-Produktion konnte nicht festgestellt werden, weil jedenfalls auf dem Versuchsfeldboden der Faktor Bearbeitungszustand nur ausnahmsweise in ein deutlich die Gesamttätigkeit des Bodens störendes Minimum gerät, zumal nicht in einem so trockenen Sommer wie derjenige von 1928.

F. Zusammenfassung.

Die vorliegende Arbeit, die sich mit den Verhältnissen der Produktion von Kohlensäure im Ackerboden und ihrer Diffusion in die Atmosphäre unter durchschnittlichen Umständen landwirtschaftlicher Praxis befaßt, kann ihre Ergebnisse kurz in folgende Punkte zusammenfassen:

1. Die Schwankungen der CO_2-Produktion des Bodens im meteorologischen Tagesverlauf sind fast reine Funktionen der Temperatureinwirkung. Da die CO_2-Erzeugung im Boden bis in größere Tiefen hinabreicht, ist die Amplitude der Tagesproduktivität abhängig von der Intensität (Wärmegrad, Dauer und zeitliche Konzentration) der Temperatureinwirkung. Diese ist aber nicht nur von den meteorologischen Faktoren abhängig, sondern vor allem auch von dem Vorhandensein bzw. der Dichtigkeit eines Pflanzenbestandes und der Struktur des Bodens. In der Regel wird man daher das Maximum der Bodenatmung meist erst zu einer Zeit, in der die Assimilation der Pflanzen bereits aufgehört hat, also nach Sonnenuntergang, finden. Es dürfte von Bedeutung werden können, zu untersuchen, wieweit diese Kohlensäure noch als Standortsfaktor am nächsten Morgen zur Verwertung kommt. Denn falls einmal die Kohlenstoffernährung der Pflanzen vom praktischen Landwirt mit in den Kreis der durch besondere Aufwendungen geregelten Wachstumsfaktoren einbezogen wird, dürfte diese Frage für die Wirtschaftlichkeit solcher Maßnahmen vielleicht eine Rolle spielen.

2. Auch die Diffusionszahl zeigt eine tagesperiodische Schwankung, indem sie ähnlich der Bodenatmung und der CO_2-Konzentration der Bodenluft in 20 cm Tiefe morgens ein Minimum zeigt, dann ebenfalls mit der Temperatur ansteigt und am Nachmittag oder Abend gewöhnlich das Maximum erreicht. Das ist ein weiterer Beweis für die Abhängigkeit der CO_2-Bildung im Boden von der Temperatur, die infolgedessen auch in der Tagesperiode nur bis in die Tiefe ansteigt, bis in welche die Temperatureinwirkung dazu genügend groß ist (in praxi etwa 15 bis höchstens 30 cm Tiefe).

3. Verschiedener Pflanzenbestand hat eine verschiedene CO_2-Produktion zur Folge, deren relative Höhe typisch für jede Pflanzengattung ist. Die Befunde stimmen mit den von *Stoklasa* für die Wurzelatmung angegebenen Werten relativ, jedoch nicht absolut überein.

4. Die für die einzelne Pflanzengattung typische CO_2-Produktion ihres Standorts zeigt sich nicht mehr, sobald ein gewisser minimaler Feuchtigkeitsgehalt unterschritten wird.

5. Aus Punkt 4 läßt sich vermuten, wie hoch der Anteil der Wurzelatmung an der gesamten Bodenatmung ist, soweit sich die Atmung der Wurzeln überhaupt getrennt von der Atmung der rhizosphären Bakterien im Boden betrachten läßt.

6. Möglicherweise läßt sich aus Punkt 4 nur auf den Anteil der Bodenbakterien und rein chemische Vorgänge an der CO_2-Produktion im Boden schließen.

7. Wahrscheinlich gilt für die Aktivität dieser letzteren beiden ein geringeres Feuchtigkeitsminimum als für die Pflanzenwurzeln, das praktisch in der Natur verhältnismäßig selten erreicht wird.

8. Die Diffusionszahl zeigt die Veränderung der Bodenstruktur unter verschiedenem Pflanzenbestand deutlich an, die durch den verschieden hohen Wasserverbrauch und die verschiedenartige Durchwurzelung entsteht. Nach den vorliegenden Untersuchungen lüften die Erbsen den Boden am stärksten, danach Hafer und Gerste, während schließlich Kartoffeln und Zuckerrüben die Ackerkrume am wenigsten lüften, sogar schwächer, als wenn die Struktur des Bodens ohne Pflanzenbestand der Einwirkung der Witterung überlassen bleibt. — Im Laufe der Vegetation treten deutliche Verschiebungen in diesen gegenseitigen Verhältnissen der Struktur ein, die mit dem Entwicklungsrhythmus der verschiedenen Pflanzen zusammenhängen (Wasserverbrauch und Wurzelwachstum).

9. Eine biologische Anregung des Bodens durch Regen konnte nicht nachgewiesen werden. Vielmehr muß sie auf Grund des Verlaufs der Bodenatmungskurve nach Regen geleugnet werden, sofern sich nicht vorher der Faktor Wasser im Minimum befand. Aber auch dann dürfte die schon nach Minuten um mehrere hundert Prozent gesteigerte Atmung durch physikalische Vorgänge (rein mechanische Verdrängung von Bodenluft und Loslösung vom Boden adsorbierter gasförmiger Kohlensäure) hervorgerufen werden. Die nach Regen gemessene „Mehrproduktion" an CO_2 hielt sich auch mengenmäßig wie zeitlich in so engen Grenzen, daß keine Veranlassung besteht, eine biologische Herkunft anzunehmen.

10. Die Diffusionszahl nach Regen zeigt folgende Phasen:

Sehr hohe Werte in der allerersten Zeit nach Regen durch mechanisches Austreiben von Luft durch das eindringende Wasser.

Niedere Werte durch Verringerung des Luftgehaltes und Verstopfung der Oberfläche.

Hohe Werte während der Abtrocknungsperiode, in der die Bodenoberfläche Risse bekommt.

Schließlich geringere Werte als vor dem Regen durch Verdichtung des Bodens und Verminderung seines Luftgehaltes, die allmählich mit dem Wasserverbrauch wieder ansteigen.

11. Die CO_2-Produktion wird auf dem Versuchsfeldboden durch verschiedene Bearbeitungszustände nicht merklich beeinflußt, da völlige Einzelkornstruktur ebensowenig auftritt wie eine starke Verkrustung oder Verschlämmung.

12. Die Diffusionszahl zeigt die Strukturunterschiede verschiedener Bearbeitungszustände deutlich an. Doch sind die Unterschiede infolge der Eigenschaften des untersuchten Bodens nicht groß, so daß im allgemeinen keine Diffusionswerte auftreten, die einen Sauerstoffmangel oder einen Kohlensäureüberschuß von praktischer Bedeutung für das Gedeihen der Kulturpflanzen befürchten lassen.

13. Wenn wir von den Untersuchungen des Tagesverlaufs der CO_2-Produktion absehen, die das Problem zwar anschneiden, so wurde nur ein einziger Versuch über die Kohlensäure als Standortsfaktor gemacht, und zwar durch den Vergleich zweier durch verschiedene Bodenreaktion außerordentlich im Ertrag voneinander abweichender Steinkleebestände. Es ergab sich eine deutliche Minderproduktion an Kohlensäure durch erhöhte Wasserstoffionenkonzentration. Das widerspricht zwar den von *Lundegårdh* 1924 Bd. 18 des Arkiv för Botanik veröffentlichten Ergebnissen, doch dürfte die Säure und die Mikrofauna des Waldbodens nicht mit derjenigen des Ackerbodens verglichen werden können. Auch existieren schon zuviel Befunde über die Schädigung der landwirtschaftlich wichtigen Mikroorganismen als den Hauptproduzenten der Kohlensäure im Ackerboden durch die Bodenreaktion vor, als daß der genannte Befund im Steinklee verwunderlich wäre.

Die vorliegende Arbeit wurde von mir auf Anregung von Herrn Privatdozenten Dr. *Georg Blohm* ausgeführt.

Für die Möglichkeit zur Durchführung der Arbeit bin ich Herrn Prof. Dr. *Theodor Roemer*, der mich mit Anschaffungen und technischen Einrichtungen weitgehendst unterstützte, zu wärmstem Dank verpflichtet.

Herrn Dr. *Georg Blohm* sei für seine freundliche und stets bereite Unterstützung mit Rat und Tat aufrichtiger Dank ausgesprochen.

Literaturverzeichnis.

[1] *Ammon, G.*, Untersuchungen über die Permeabilität des Bodens für Luft. Forschgn. Agrikulturphysik **3**, 209 (1880). — [2] *Bornemann, R.*, Kohlensäure und Pflanzenwachstum. Berlin: Paul Parey 1923. — [2a] *Döbrich*, Ann. Landwirtsch. Deutschlands **52**. — [3] *Dönhoff, G.*, Untersuchungen über die Größe und die Bedeutung der Bodenatmung auf landwirtschaftlich kultivierten Flächen. Inaug.-Diss. Halle (Saale) 1927. — [4] *Feher, D.*, Die Kohlenstoffernährung des Waldes. Biochem. Z. **100**, 253 (1928).   [5] *Fischer, H.*, Pflanzenbau und Kohlensäure. Stuttgart 1921. — [6] *v. Fodor, J.*, Hygienische Untersuchungen über Bodenluft und Wasser. II. Boden und Wasser. Vjschr. öff. Gesdh.pfl. **7** (1882). — [7] *Hann, J.*, Klimatologie. Stuttgart: Engelhorn 1908. — [8] *Hannén, F.*, Untersuchungen über den Einfluß der physikalischen Beschaffenheit des Bodens auf die Diffusion der Kohlensäure. Forschgn. Agrikulturphysik **15**, 6 (1892). — [9] *Heinrich, R.*, Grundlagen zur Beurteilung der Ackerkrume. Wismar 1882. — [10] *Keuhl, H. J.*, Messungen

der Kohlensäurekonzentration der Luft in und über landwirtschaftlichen Pflanzenbeständen. Z. Pflanzenernährg, Ausg. A **6**, 321 (1926). — [10]a *King, F. H.*, The soil, its nature, relations and fundamental principles of management. New York: The Macmillan Company 1919. — [11] *Krantz, H.*, Binnenversorgung durch Bodenkraftmehrung. Augsburg-Stuttgart 1924. — [12] *Löhnis, F.*, Handbuch der landwirtschaftlichen Bakteriologie. Berlin: Bornträger 1910. — [13] *Löhnis, F.*, Vorlesungen über landwirtschaftliche Bakteriologie. Berlin: Bornträger 1926. — [14] *Lundegårdh, H.*, Beiträge zur Kenntnis der theoretischen und praktischen Grundlagen der Kohlensäurebildung. Angew. Bot. **4**, 120 (1922). — [15] *Lundegårdh, H.*, Über die Kohlensäureproduktion und die Gaspermeabilität des Bodens. Arch. Bot. (Stockh.) **18**, Nr 13 (1924). — [16] *Lundegårdh, H.*, Der Kreislauf der Kohlensäure in der Natur. Jena 1924. — [16]a *Lundegårdh, H.*, Ein neuer Apparat zur volumetrischen Kohlensäurebestimmung. Ark. f. Kemi, M. o. G. **9**, Nr 46 (1927). — [17] *Mitscherlich, E. A.*, Bodenkunde für Land- und Forstwirte. Berlin: Paul Parey 1923. — [18] *Ramann*, Forstliche Bodenkunde und Standortlehre. Berlin 1911. — [19] *Reinau, E.*, Kohlensäure und Pflanzen. Halle 1920. — [20] *Reinau, E.*, Technik Landwirtsch. **5**, 95 (1924). — [21] *Reinau, E.*, Technik Landwirtsch. **5**, 182 (1924). — [22] *Reinau, E.*, Ver. dtsch. Ing. **69**, 717 (1925). — [23] *Reinau, E.*, Z. angew. Chem. **1926**, 495. — [24] *Reinau, E.*, Praktische Kohlensäuredüngung. Berlin: Springer 1927. — [25] *Reinau, E.*, Bodenatmung und Bodenfruchtbarkeit. Festschr. anläßlich des 70. Geburtstages von Julius Stoklasa. Berlin: Parey 1928. — [26] *Riedel*, Die Anwendung der Kohlensäure im großen. Mitt. dtsch. landw. Ges. **34**, 427 u. 451 (1919). — [27] *Riedel*, Z. Pflanzenernährg, Ausg. B **5**, 510 (1926). — [28] *Romell, L. G.*, Die Bodenventilation als ökologischer Faktor. Medd. Stat. Skoogförsöksanst. **1922**, H. 19, 2. — [29] *Russel* and *Appleyard*, The atmosphere of the soil; its composition and the causes of variation. J. J. agricult. Sci. **7**, 1 (1915/16). — [30] *Stoklasa* und *Doerell*, Biophysikalische und biochemische Durchforschung des Bodens. Berlin: Parey 1926. — [31] *Stoklasa, J.*, Beitrag zur Kenntnis der Nährstoffaufnahme unserer Halmfrüchte. Fühlings landw. Ztg **58**, 793 (1909). — [32] *Stoklasa, J.*, Ein Beitrag zur Kenntnis der Bestimmung der Fruchtbarkeit des Bodens. Mitt. internat. bodenkdl. Ges. **2** (1926). — [33] *van Suchtelen, H.*, Über die Messung der Lebenstätigkeit der aerobiotischen Bakterien im Boden durch Kohlensäureproduktion. Zbl. Bakter. II **1910**, H. 28, 45. — [33]a *Tamm, O.*, Markstudier i det nordsvenska barrskogsomradet. Bodenstudien in der nordschwedischen Nadelwaldregion.) Medd. Stat. Skogsförsöksanst. **17** (1920). — [34] *Waksmann, S. A.*, Principles of soil microbiology. Baltimore: Williams and Wilkins Company 1927. — [35] *Wiegner, G.*, Anleitung zum quantitativen agrikulturchemischen Praktikum. **1927**. — [36] *Willstätter* und *Stoll*, Untersuchungen über die Assimilation der Kohlensäure. Berlin 1918.

Lebenslauf.

Geboren am 10. Februar 1903 zu Berlin-Wilmersdorf als zweiter Sohn des verstorbenen praktischen Arztes Dr. med. Johannes Magers, erhielt ich meine Schulbildung am dortigen Bismarck-Gymnasium, das ich Ostern 1921 mit dem Reifezeugnis verließ. Schon als Schüler war ich in den Kriegssommern 1917/18 landwirtschaftlich in der Uckermark und in der Neumark tätig. Nach dem Abitur trat ich auf Rittergut Jessen, Post Gassen (Niederlausitz) in die Lehre, wo ich ein Jahr blieb, um dann das zweite Jahr auf dem Hofgut Obbornhofen in der Wetterau (Oberhessen) zu lernen. Darauf begann ich im Sommersemester 1923 auf der Landwirtschaftlichen Hochschule Berlin zu studieren, mußte dies aber aus wirtschaftlichen Gründen wieder aufgeben. Nachdem ich Juli bis Oktober 1923 auf Rittergut Baudach bei Sommerfeld (Niederlausitz) als Erntehelfer tätig gewesen war, trat ich eine Stellung als zweiter Beamter auf dem Rittergut Preußendorf, Kreis Deutsch-Krone, in der Grenzmark Westpreußen an, wo ich bis Ende Oktober 1925 tätig war. Mit dem Wintersemester 1925/26 nahm ich das Studium der Landwirtschaft an der Universität Hamburg auf, wo ich das Diplomexamen Mai 1928 ablegte. In den Frühjahrsferien 1927 war ich für den Verein der Milchproduzenten von Hamburg und Nachbarstädten tätig, um das Tuberkulosetilgungsverfahren einzuführen, wobei ich Gelegenheit hatte, die Viehzucht von über 1000 landwirtschaftlichen Betrieben aller Größenklassen in der Marsch, Geest und Heide von Holstein und Hannover kennenzulernen. In den Herbstferien 1927 war ich auf der bäuerlichen Weidewirtschaft des Herrn Professor Schmidt, Institut für landwirtschaftliche Betriebslehre, in Altona-Eidelstedt (Holstein), praktisch tätig. Seit März 1928 widmete ich mich hier in Halle meiner Dissertationsarbeit.

Halle (Saale), den 18. Juli 1929.
